時空膠片

星座漫遊指南

U0087400

李德范 —— 著

COSMIC ATLAS
AN OVERVIEW OF THE CONSTELLATIONS

「一個民族有一些仰望星空的人，這個民族才有希望；
一個民族只是關心自己腳下的事情，這個民族是沒有未來的。」
—— 黑格爾

行星逆行、黃道十二宮、88 星座、觀星指南……
滿天的星光燦爛，都在好幾光年之外！

目錄

前言
我們的征途是星辰大海

世界上有兩樣東西能夠深深震撼人們的心靈，一樣是心中崇高的道德準則，另一樣是頭頂上燦爛的星空。

從宇宙孕育而出的人類，對星空有著與生俱來的好奇，每個人都渴望在星辰大海中遨遊，卻難得其門而入，本書可以幫助你簡單快捷地實現這個願望。它具有以下特點：

第一是實用性。它以每個季節最容易辨認的亮星為主線，這些星即使在現代城市裡，也不難看到。讀者在每個晴朗的夜晚都可以很方便地觀星，不需要跑到荒郊野外。

第二是通俗性。本書的主要閱讀對象不是專業的天文愛好者，而是少年兒童和家長們，書中有星星的傳說故事、歷史典故，兼具科學與人文。

第三是通史性。星座關聯著重大天文事件，比如第一張黑洞照片在哪個星座？天關客星爆發在哪個星座？最遙遠的宇宙圖景 —— 哈伯超深空在哪個星座拍攝？當讀者在星座間輕鬆漫遊的時候，不經意間就串起了人類探索宇宙的歷史，宇宙的輪廓也就漸漸清晰了。

願此書伴隨讀者朋友們暢遊神奇的星辰大海。

李德范

第一部分
宇宙圖景

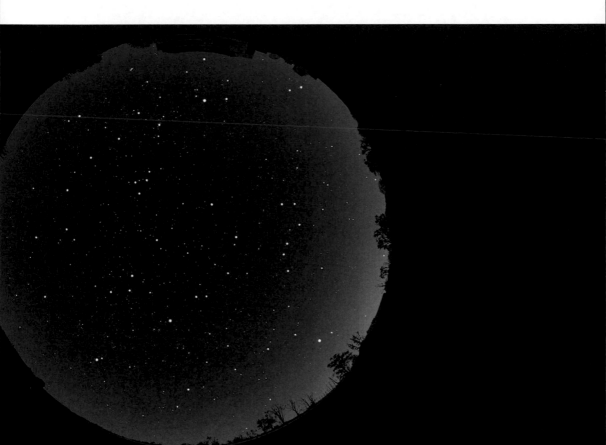

永恆的畫卷

▌仰望星空的故事

2,500多年前的一個夜晚，天空晴朗，繁星密布，哲學家泰勒斯（Thales）走在曠野的一條小路上，時而停下來仰望一下星空。他用目光快速在星空掃過，一下子便看到了醒目的北斗七星，他利用北斗七星定了定方位，確認自己的方向感覺是對的。

泰勒斯的目光很快又被星空裡一條銀色的光帶吸引，那是熟悉的銀河，它高高升起，從東北流向西南，大十字架形的天鵝正好在銀河上方，沿著銀河的流向展翅飛翔。天鵝的前方，銀河開始變得波瀾壯闊，一個半人半馬的射手張弓搭箭從東方追來，前蹄已經踏入銀河，一隻天蠍正竭力爬上銀河西岸逃竄，牠那獨特的彎鉤尾巴高高翹起，似乎在警告射手不要靠近。

「銀河裡流淌的是什麼呢？」泰勒斯陷入了沉思，「水，雲氣，還是星星？或者，是造物主用兩個半球銲接天空，留下的拼縫？」

泰勒斯一邊想著，一邊邁步前行，不料路上有個深坑，泰勒斯只顧看星星，一腳踩空，摔了下去。等他清醒過來，發現自己已躺在坑底，泰勒斯試了試爬不上去，就索性躺下來，看著天上的星星，沉沉睡去。

第二天早上，一個農夫從這裡路過，發現了坑底的泰勒斯，很熱心地把他拉了上來。泰勒斯在當地非常有名，大家都認識他，農夫困惑不解地問：「大哲學家怎麼睡到坑裡去了？」

　　泰勒斯答道：「昨天夜裡，我一邊走路，一邊仰望星空，沒有留意腳下有個坑，就摔下去了。」

　　農夫哈哈大笑：「大哲學家能看清天上的星星，卻看不見腳下的坑。」

　　泰勒斯心中掠過一絲不快，沒辦法，燕雀安知鴻鵠之志？走自己的路，讓別人說去吧。

　　時光荏苒，轉眼過去了 1,000 多年，德國哲學家黑格爾（Georg Hegel）看到了泰勒斯這個故事，感慨道：「有些人不會跌倒，因為他們一直在坑裡，在坑裡的人也許更安全，但他們從未看到更高遠的東西。」於是，黑格爾又說了下面這段著名的話：

　　「一個民族有一些仰望星空的人，這個民族才有希望；一個民族只是關心自己腳下的事情，這個民族是沒有未來的。」

晶瑩的天球

　　泰勒斯在 2,500 多年前看到的星空，和我們現在看到的星空是一樣的嗎？

　　答案是，幾乎完全一樣。無論是北斗七星，還是天鵝、天蠍、人馬等形象，在泰勒斯眼裡，和我們眼裡是一模一樣的。

　　這就是恆星天空，千年不變的永恆畫卷。

　　這幅恆星畫卷初看上去是半球形的，就像一個張開的大傘，高高懸在大地之上，這就是古人的宇宙觀：天圓如張蓋。

　　身為現代人，你清楚地知道，大地在宇宙中只是一個微不足道的小球，小球的下方，還有另一半天空。這樣，你就建立起了最基本的宇宙圖景：

　　天空像一個球，一個無限大的天球，包裹在小小的地球周圍，恆星就像透明球殼上鑲嵌的一顆顆鑽石。

▌恆定不動的星

恆星就像鑲嵌在天球上！

這句話的重點是，每一顆恆星在天球上的位置是固定的，它們看起來是恆定不動的，這就是恆星這個詞的含義。

繁星密布的夜空讓人眼花撩亂，其實肉眼可見之星數量是很有限的，任何時候，你的肉眼在夜空裡看到的星星數量，最多不過 3,000 顆左右。

這 3,000 顆左右只是天球的一半，還有另一半在地面以下。整個天球上的肉眼可見之星，不過 6,000 來顆。就是它們，把夜空妝點得星光燦爛，那是宇宙賜給人類的寶貴財富。

▌星座

因為恆星天空是一幅永恆不變的畫卷，人們就可以在星空裡劃分一個個星座。如果一組星今年看起來像隻蠍子，明年看起來像條魚，就沒法劃分星座了。

劃分星座的事情在 5,000 年前就開始了，它並沒有多麼神祕。游牧民族在曠野放羊，夜間閒來無事，就數星星玩，今天聯想出這個圖案，明天聯想到那個圖案，於是就有了星座。到西元 2 世紀，古希臘的托勒密（Claudius Ptolemaeus）就已經記錄了 48 個星座。

1928 年，國際天文學聯合會（International Astronomical Union, IAU）開會明定了星座的數量和邊界，使天空每一顆恆星都屬於某一特定星座。會議中確定的星座數量是多少呢？

88 個！

不是 12 個，而是 88 個，這就是當今世界通用的星座體系。

遙遠的距離

▌一把量天尺 ── 光年

恆星為什麼看起來恆定不動呢？

因為它們非常遙遠。

衡量恆星的距離，必須用一個新的單位 ── 光年，就是光走一年的距離。

光的速度是每秒鐘 30 萬公里，1 光年有多遠呢？計算起來很簡單：

$300,000 \times 60 \times 60 \times 24 \times 365 \approx 9.5$ 兆公里

或者你可以簡記為 10 兆公里。

光年是一個距離單位，也是一個時光穿梭機，可以帶你穿梭到很遠的過去。

▌最近的恆星

在肉眼可見的約 6,000 顆恆星中最近的一顆位於半人馬座，也是它裡面最亮的星 ── 南門二（Alpha Centauri），它與地球的距離是 4.3 光年。

南門二發出的光照射到地球需要 4.3 年時間，假如你今天晚上看到了南門二，那其實是它 4.3 年前的樣子。

假如你乘坐一艘太空船去南門二，這艘飛船每秒飛行 30 公里，需要的時間是 43,000 年！

地球距離太陽 1.5 億公里，太陽發出的光照射到地球，需要的時間是 8 分 19 秒，與南門二的 4.3 年相比，根本不值一提。

地球繞著太陽的軌道，是一個直徑約 3 億公里的大圓，這在我們看來大得不可思議，但從南門二的位置來看地球軌道，就像從 4 公里之外看一枚 1 元硬幣。

這樣，即便地球從軌道一端走到另一端，跨越 3 億公里的空間，相對於恆星的距離來說，也是微乎其微。

也就是說，想像中的那個恆星天球是非常巨大的，無論是地球，還是地球軌道，與恆星天球相比都微小得可以忽略不計。這個結論，早在 2,000 年前的古希臘，已經被那批哲人思考得非常清楚了。

這樣，處在地球上的人們看來，恆星就必然是恆定不動的了。

繁星的深度

恆星太遙遠，人們根本看不出恆星的距離差別，因而恆星天空就像一個球面 —— 這正是古人把恆星天空想像成一個透明球殼的原因。

天球上劃定的一個個星座也只是球面上的一個個區域，只代表你眺望太空的方向。

比如，當你眺望大熊座的時候，視線投向的是北方天空的某個區域；當你眺望獵戶座的時候，視線投向的是赤道上空的某個區域。

星座只能告訴你方向，無法告訴你深度。

但星空是有深度的，組成每一個星座的每一顆恆星，到我們的距離都不一樣。

以獵戶座為例，它有七顆亮星，分別是參宿一至參宿七，看上去遠近是一樣的，但這七顆星與地球的距離大不相同：

⭐ 參宿一：817 光年；

⭐ 參宿二：1,976 光年；

⭐ 參宿三：916 光年；

⭐ 參宿四：500 光年；

⭐ 參宿五：252 光年；

⭐ 參宿六：647 光年；

⭐ 參宿七：863 光年。

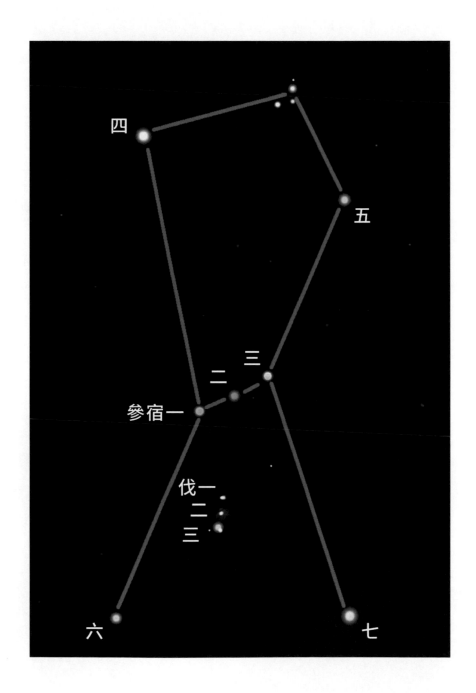

獵戶腰間佩帶一把匕首 —— 三顆看起來小一點的星 —— 伐一、伐二、伐三，這三顆星與地球的距離分別是：

- ⭐ 伐一：884 光年；
- ⭐ 伐二：1,896 光年；
- ⭐ 伐三：2,329 光年。

人類肉眼所見的 6,000 多顆恆星，絕大多數與地球的距離都在 3,000 光年以內，如果把這些恆星全部拿掉，地球的夜空將無光。

然而，肉眼看上去的那滿天繁星，其實只是銀河系的一小部分。從銀河系的角度來看，無論是 4.3 光年之外的南門二，還是 1,000 光年之外的參宿二、伐二、伐三等恆星，全部都是太陽系的近鄰。

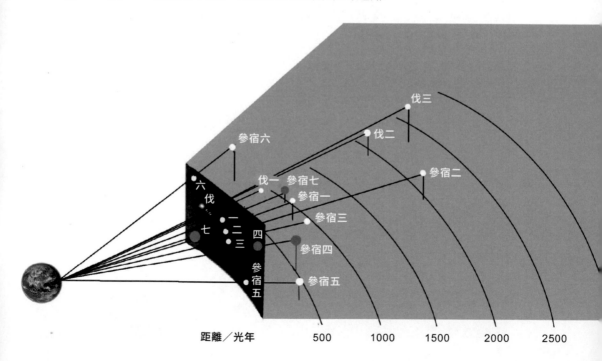

從銀河系到宇宙

銀河系是一個龐大的恆星帝國，其主體是一個扁平的盤狀體 —— 銀盤，直徑約 10 萬光年。一艘每秒 30 公里的太空船，沿著直線穿越整個銀盤，需要的時間是 10 億年。

從正面看，銀河系是一個巨大的漩渦，中央有一個長達 2 萬多光年的棒狀核心區，從核心的兩端伸展出兩條巨大的旋臂，兩條大旋臂又有若干小的分叉。

銀河系裡約有 3,000 億顆恆星，太陽只是其中的一顆，它距離銀河系中心約 27,000 光年。

如果以地球為中心，以 3,000 光年為半徑在銀河系作一個大球，地球夜空的滿天繁星基本上都在這個球內。除了肉眼可見的約 6,000 多顆星星外，這個大球裡還有好幾億顆恆星，它們都是肉眼看不見的，默默無聞地潛伏在太空裡。

在望遠鏡時代以前，人類幾乎全部視線都在這個球內，所有的星空故事都在這個球內上演。

自從使用望遠鏡觀察天空以來，人類的視線穿越天上的群星，深入到銀河系內部；又穿越巨大的銀盤，窺視到銀河系之外。在銀河系外面，是更廣闊的宇宙太空，那裡有無窮無盡的河外星系，銀河系只是星系中的普通一個，這就是宇宙的全貌。

地球夜空的滿天繁星基本上都在這個藍色小圈內，都是太陽系的近鄰。 圖片來自 NASA/ESO

兩種運動

　　恆星非常遙遠，無論地球怎樣運動，對恆星天空幾乎都沒有任何影響，把恆星天空想像成一個靜止在宇宙太空的一個大球 —— 天球，不但很合理，而且還可以幫助人們很好地理解恆星天空的運動。

　　恆星天球靜止不動，天球中央是微小的地球繞著太陽旋轉，由於運動的相對性，站在地球上的我們就會看到恆星天空在運動了。

　　地球主要有兩種運動，相應地，我們會看到恆星天空也有兩種運動。

夜間長時間曝光拍攝的星軌，顯示星空在轉動

周日運動

第一種運動由地球自轉引起，它導致我們從地球上看去，恆星天空每天圍繞地球旋轉一周，這叫恆星的周日運動。

恆星也會東升西落，這是一個常識，但現代社會裡人們幾乎從來不去長時間觀察星空，很多人竟然不知道星星會升落。

假如你在晚上 8 點鐘看到一顆恆星位於頭頂正上方，明天晚上它還會運動到你頭頂，時間不是 8 點鐘，會提前約 4 分鐘。恆星從你的頭頂開始，再次運動到你的頭頂，需要的時間是 23 小時 56 分 4 秒，這正是地球的真正自轉週期，稱為一個恆星日。

周年運動

恆星天空的第二種運動由地球的公轉引起。

午夜時候頭頂的星空，是和太陽恰好相對的 —— 太陽在軌道中央，頭頂星空在軌道外側。地球在軌道上前行，午夜時分，你頭頂指向的星空就不斷變化。地球圍繞太陽一年公轉一周，午夜頭頂的星空也正好變化一周，這叫星空的周年運動。

這就是四季星空變化的原理。

春天夜晚，閃耀在星空舞臺中央的是巨蟹、獅子、室女（處女）等星座；夏天，則是天秤、天蠍和人馬等星座；秋天換成了摩羯、寶瓶和雙魚等星座；到了冬天則是白羊、金牛和雙子等。

由於地軸指向北方天空，對於北半球大部分地區來說，北天極附近的一些星在一年四季中都可以看見，比如北極星和小熊星座、北斗七星和大熊星座；而南天極附近的一些星座，哪個季節也不會被看到。

　　我們的星座漫遊將從著名的北斗七星開始，先去探訪北天的星空，然後順著地球公轉軌跡，依次遊歷春、夏、秋、冬的星空，再接著是看不見的南天星空。

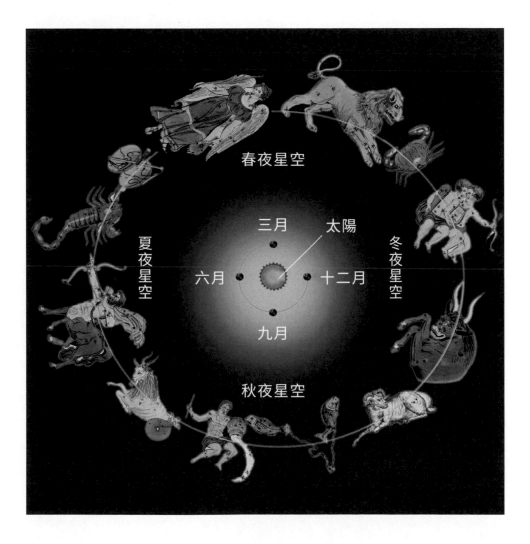

第二部分
北天星空

大熊座

天龍座

小熊座

南
西 ←→ 東
北

巍巍北斗星

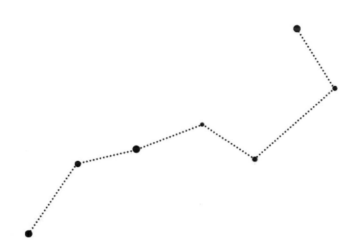

▌ 星空故事 1

星隕五丈原

　　祁山腳下的五丈原上，秋風蕭瑟，寒露凝霜，星斗高掛，銀河低垂。蜀漢北伐的軍營裡，旌旗不動，寂靜無聲。

　　交戰已經持續多日，蜀軍雖多有斬獲，奈何司馬懿深溝堅壁，據守不戰，諸葛亮無計可施，心中煩悶，加之軍務繁重，漸漸積勞成疾。

　　一夜，諸葛亮轉輾反側，難以入眠，於是叫來大將姜維，讓他攙扶著走出帳外。

　　抬頭仰望，只見浩瀚星海中，北斗七星閃爍不定，諸葛亮忽然心中黯然神傷，回頭跟姜維說道：「我怕是命不久矣。我小時候從水鏡先生那裡學

了祈禳之術，可以設壇祈禳北斗星，你可引兵護衛。若七日內主燈不滅，我可增壽十二年，否則，復興漢室的重任就要落到你們頭上了。」

於是諸葛亮在帳中地面上分布七盞大燈，按照北斗七星的位置擺放，外面又擺放七七四十九盞小燈，中央安置本命燈一盞。

姜維親率士兵四十九人，身穿黑衣，手執黑旗於帳外守護。閒雜人等，一律不得靠近大帳，違者立斬。

每到夜晚，諸葛亮仗劍執法，按照北斗七星的陣法走來走去。幾天過去，主燈越發明亮，諸葛亮心中稍安。

誰知司馬懿也是能夠夜觀天象的人，他在營中堅守，夜來仰觀天文，喜出望外，對夏侯霸曰：「諸葛亮怕是快要死了。你可引一千軍去五丈原騷擾蜀軍，若蜀軍紛亂，不出來迎戰，說明諸葛亮必然病重，我們就可以乘勢出擊。」夏侯霸引兵而去。

第六夜，諸葛亮見主燈明亮，心中甚喜，精神煥發。姜維進帳欲稟報軍情，見諸葛亮披髮仗劍，按著北斗七星走陣法，只得靜立一旁。正在這時，忽聽得寨外吶喊，方欲令人出問，魏延飛步闖入大喊：「魏兵至矣！」

魏延闖帳帶來一陣急風，竟然將諸葛亮的本命燈撲滅了！諸葛亮怔了半天，扔下了手中的劍，仰天長嘆：「死生有命，不可得而禳也！」

於是讓姜維扶著走出帳外，仰觀北斗，遙指一星曰：「此吾之將星也。」眾視之，見其色昏暗，搖搖欲墜。

是夜，天愁地慘，月色無光，諸葛亮逝。

司馬懿步出帳外，見一赤色大星，自東北劃向西南，墜於蜀營內，隱隱有響聲，於是高聲驚叫：

「諸葛亮死啦！」

星空故事 2

掌管生死的北斗星

北斗七星在古人心中有著極為重要的地位，甚至掌管著人的壽命，三國的另一個故事也說明了這一點。

有一個叫管輅（音同路）的人，八九歲的時候，就很喜歡看天上的星星，甚至整夜不睡，是一個極度的天文愛好者。父母怕他睡得少，影響健康，就禁止他看星星。管輅說：「星星的出沒都有規律有時間，這些家雞野鳥都知道，人難道不應該更清楚嗎？」

管輅長大後，精通天文地理，占卜看相，能夠和鳥獸對話，是歷史上著名的術士。

有一個叫顏超的人，請管輅相面，管輅告訴他面相不好，有夭折之相。顏超很著急，請求補救的辦法。管輅告訴他，十天之後有一個機會，命他帶一大包熟鹿肉和一大壺清酒，去某某山中，那兒有一片割過的麥田，麥田邊有一棵大桑樹，樹下有兩個老人在下圍棋。見到這兩個老人後，什麼也不說，用酒肉恭敬地服侍他們。

顏超按照吩咐趕到大桑樹下，果見有兩個老人在那兒下圍棋，頗有仙風道骨。顏超悄悄近前，將酒肉擺在兩邊，自己默默觀棋。兩個老人下棋下得入了迷，順手端起酒就喝，摸過肉便吃，不知不覺間把顏超的酒肉吃喝光了。坐在北邊的老者抬頭看見了顏超，說道：「你不是顏超嗎？你的壽數將盡，還來這裡幹什麼？」南邊的老者說：「老兄，你吃喝了人家的酒肉，怎麼可以這樣無情呢？給人家增加幾歲吧！」北邊老者說道：「生死簿都定好了，怎麼增加？」

南邊的老者說：「你不好意思，我替你來。」說著，他伸手從北邊老人懷中抽出一個大帳簿來，翻到一頁，上面寫道：顏超，一十九歲。於是他

拿出筆來在「一」字上面加了兩筆，成了「九十九歲」。後來，顏超真的活到九十九歲。

　　原來，坐在這裡下棋的兩個老人，北面的是北斗，南面的是南斗。南斗位於人馬座，和北斗七星遙遙相對，古人把北斗和南斗看成掌管人生死的星官，有「南斗注生，北斗注死」之說。

▌觀測指南 1

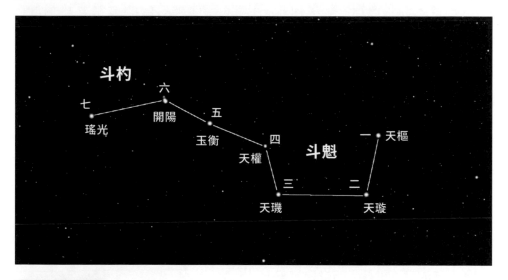

初識北斗星

　　北斗七星的形狀像個勺子，所以人們又稱它為「勺子星」。勺子口的四顆星分別是北斗一、北斗二、北斗三、北斗四，它們合稱為斗魁。勺子把的三顆星分別是北斗五、北斗六、北斗七，這三顆星又合稱為斗杓（音同標）。

　　七顆星中的每一顆都還有一個很好聽的名字，從北斗一至北斗七依次是：天樞、天璇、天璣、天權、玉衡、開陽、搖光，從這些名字可以看出來，北斗七星在古人心目中的地位非常重要。

星空故事 3

獨占鰲頭

北斗七星的勺口四星 —— 斗魁，自古以來特別受到讀書人的尊崇，因為斗魁是主宰人世間功名祿位的星神。

在傳統的畫像裡，魁星神並不是一副文質彬彬的文人形象，而是一個赤髮藍面的鬼的形象，這個鬼一手握筆，一手拿著一個方形的容器，這容器象徵著魁星。魁星神左腳金雞獨立，踩在海中一條大鰲頭上，象徵著「獨占鰲頭」，右腳揚起，腳上即是北斗七星。

魁星的故事，和一個古代讀書人有關。這個讀書人學問很好，才高八斗，出口成章，可是長相奇醜無比，滿臉麻子，一隻腳還瘸了。不過由於文章寫得非常好，還是被一級級地考試錄取，最後一直到皇帝主考的殿試。皇帝見他一瘸一拐地走上來，第一印象很不好，就問他：「你怎麼走路一瘸一拐的呢？」讀書人回答：「回聖上，這是『一腳跳龍門，獨占鰲頭』。」

皇帝見他回答挺機敏，印象好了些，又看到他滿臉的麻子，就問：「你那一臉的麻子又是怎麼回事？」讀書人回答：「回聖上，這是『麻面映天象，捧摘星斗』。」

皇帝覺得此人確實有點不凡，沒有嫌棄他的長相，欽點他為狀元，此人就成了魁星神的原型。

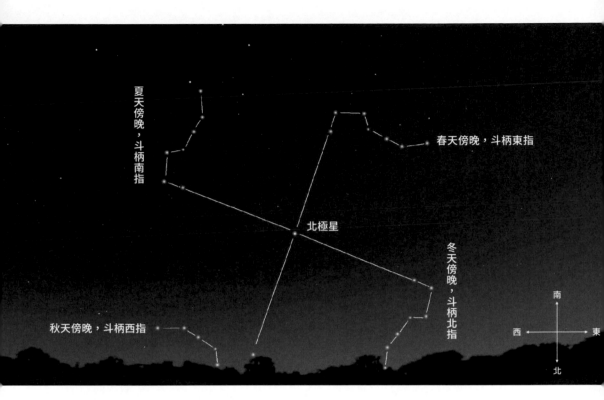

觀測指南 2

斗柄指四方

　　春天是欣賞北斗七星的好時候。晚上八九點鐘，你到戶外觀察北斗七星，發現它在東北方向高高升起，斗柄遙遙指向東方。

　　炎炎夏季，同樣是晚上九點鐘，你會發現北斗七星的位置升得更高，斗柄也指向了南方。

　　到了秋天晚上，你會發現北斗七星很難看到了，因為它跑到了西北的低空，很容易被樹林遮擋，斗柄則遙遙指向西方。

寒冷的冬夜，北斗七星出現在北方偏東的低空，斗柄指向北方。

不同季節的晚上，斗柄的指向不一樣。有一部古書《鶡（音同合）冠子》就這樣記載：

斗柄東指，天下皆春；

斗柄南指，天下皆夏；

斗柄西指，天下皆秋；

斗柄北指，天下皆冬。

星空故事 4

霍去病倒看北斗

在亞洲大部分地區，無論春夏秋冬什麼時候看，北斗七星總是出現在北方天空，它成了北方星空的代表。

西漢年間有一位大將叫霍去病，是另一位史稱「不敗將軍」衛青的外甥。那時，北方的匈奴經常對漢朝邊境進行掠奪。霍去病十八歲時就曾率兵北征匈奴，他率領八百騎兵衝入敵陣，一氣斬殺匈奴兵兩千多人，生擒匈奴單于的叔父，威名勇冠全軍，被漢武帝封為兩千五百戶冠軍侯。

西元前 120 年秋天，匈奴騎兵又向南進犯，深入到河北北部一帶，燒殺搶掠，漢朝邊民上千人死於匈奴鐵騎之下。漢武帝大為震怒，決定派兵遠征北方大漠，徹底消滅匈奴力量。於是，漢武帝調集騎兵和步兵幾十萬人，由衛青和霍去病率領，分東西兩路向漠北進軍。霍去病帶領著一支人馬，在大沙漠向北馳騁，行軍兩千多里，終於捕捉到敵軍主力，發動了一場極其慘烈的戰鬥，直打得山河變色，日月無光。幾天血戰之後，漢軍殲敵七萬餘名，取得大勝。霍去病又率軍乘勝追擊，一直追到貝加爾湖（那時稱北海）附近，然後刻了一塊記功的石碑，埋在那裡。

晚上，霍去病在營中散步，抬頭仰望滿天的繁星，覺得既熟悉又有些異樣。那熟悉的北斗星高高升起在頭頂，倒掛在稍稍偏南的天空。霍去病甚覺奇異，就招呼將士們一同觀看。生長在中原地區的將士看到如此奇異的星象，都感到驚訝和震撼。

三百多年後，時局顛倒，東漢衰弱社會動盪，才女蔡文姬被匈奴擄掠，流落塞外十二載，唐代劉商在長詩〈胡笳十八拍〉中感慨道：

怪得春光不來久，胡中風土無花柳；

天翻地覆誰得知，如今正南看北斗。

▌觀測指南 3

再識北斗七星

在古人心目中，天上的星星都是精靈般的小點點，現在你已經知道，它們都是非常巨大非常遙遠的大火球。以下是北斗七星與地球的距離和真實亮度（用光度表示）：

★ 北斗一（天樞星）：距離 124 光年，光度 180 個太陽；

★ 北斗二（天璇星）：距離 79 光年，光度 55 個太陽；

★ 北斗三（天璣星）：距離 84 光年，光度 59 個太陽；

★ 北斗四（天權星）：距離 81 光年，光度 24 個太陽；

★ 北斗五（玉衡星）：距離 81 光年，光度 99 個太陽；

★ 北斗六（開陽星）：距離 78 光年，光度 60 個太陽；

★ 北斗七（搖光星）：距離 100 光年，光度 140 個太陽。

北斗七星的每一顆，真實亮度都比太陽亮得多，如果把太陽換成它們的任何一顆，地球很快就成為一片焦土了。

　　仰望北斗七星，想一想它們的距離，想一想它們的真實亮度，體會太空的浩瀚和天體的龐大。

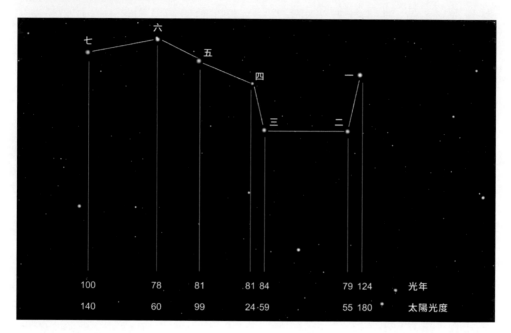

天文小知識 1

星星的亮度

　　北斗七星除北斗四（天權）稍暗一些，是 3 等星外，其餘都是 2 等星。七星亮度較高，距離均勻，在星空裡非常醒目。

　　3 等星、2 等星是什麼意思呢？

　　2,000 多年前，古希臘天文學家喜帕恰斯（Hipparkhos）把肉眼可見的恆星按亮度劃分為 6 個等級，最亮的那一批定為 1 等星，暗一點的是 2 等星，再暗一點的是 3 等星，肉眼勉強看到的最暗弱的星定為 6 等星。

　　比 1 等星更亮的呢？就定為 0 等星、-1 等星，依次類推；更暗的則是 7

等星、8 等星，依次類推，每等星之間亮度相差 2.512 倍。

這種星等叫視星等，它只能表示出在地球上看到的星體視亮度，無法展現其真實亮度，因為各星體的距離並不相同。

假想把星體都移到相同距離──比如 32.6 光年，所觀測到的星等，就可以表示星體的真實亮度了，這種星等叫絕對星等。

比如，太陽移到 32.6 光年處，絕對星等是 4.83 等；織女星的移到這個距離，絕對星等是 0.57 等。

為什麼是 32.6 光年，不是 10 光年、100 光年這樣的整數呢？原來，天文學家們還習慣用另外一個天文單位──秒差距，32.6 光年就是 10 秒差距。

天體	視星等	描述
太陽	-26.7	天空最亮者
滿月	-12.7	夜空最亮者
弦月	約-10.7	一半亮的月亮
金星（最亮時）	-4.9	最亮的星
木星（最亮時）	-2.9	
火星（最亮時）	-2.9	
天狼星	-1.47	最亮的恆星
老人星	-0.72	恆星第2
南門二	-0.27	恆星第3
大角星	-0.06	恆星第4
織女星	0	恆星第5
五車二	0.08	恆星第6
參宿七	0.11	恆星第7
心宿二	1.0	恆星第16
軒轅十四	1.3	恆星第21
北斗一	1.8	恆星第32
北極星	2.0	恆星第47
天王星	5.8	肉眼看到的最暗行星
比鄰星	11	距太陽系最近的恆星
	29	哈伯太空望遠鏡極限星等

觀測指南 4

開陽星

　　北斗六 —— 開陽星的近旁，還有一顆小星，叫輔，它們組成了一對光學雙星。輔是一顆 4 等星，如果肉眼能把開陽星和輔星分辨開，則代表視力還可以；古代阿拉伯徵兵的時候，就用開陽和輔星來測試視力。西方有一句俗語：「能看見輔星，卻看不見圓圓的月亮」，就是諷刺那些只專注在小事上，卻對大事糊塗的人。

　　開陽和輔距離地球分別是 78 光年和 81 光年，所以它們兩個實際上相距很遠，並不是物理雙星。所謂物理雙星，就是彼此間有引力作用相互環繞的兩顆星。

　　用稍大的望遠鏡觀察開陽星可以發現，開陽星是由兩顆星組成的雙星，人們把這兩顆星分別稱為 A 星和 B 星。有趣的是，組成開陽星的兩顆恆星也不是單一個的，A 星是由 3 顆星組成的三合星，B 星是由 2 顆星組成的雙星。開陽星是一個五合星。

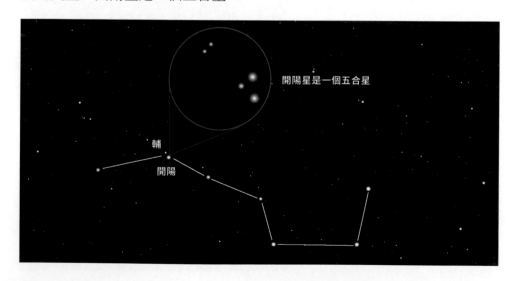

開陽星是一個五合星

輔

開陽

天文小知識 2

喜歡結伴的星星

肉眼看去，天上的星星都是單獨的一顆一顆，但是用望遠鏡看的時候，會發現它們很多是雙星。

雙星中有一些有真正的物理連繫，彼此用引力牽手，互相環繞，這樣的雙星叫物理雙星。

也有一些雙星僅僅是看起來很近，實際相距很遠，彼此間並無物理連繫，這樣的雙星叫光學雙星。

天文小知識 3

恆星不恆

恆星並非永恆不動，它們都在非常快速地移動，每秒鐘幾公里、幾十公里，甚至幾百公里。但太空實在遼闊，以人類的觀感，短時間內 —— 成百上千年，很難發現星空有明顯的改變。

但若把時間尺度拉長，所有星座都會面目全非。

比如北斗七星，它現在的形狀像個勺子，十萬年後，它看起來會像一個小鏟子；而在十萬年前，它看起來更像古代農夫種地用的犁或者鐵鍬。

恆星在星空裡的這種移動，稱為自行。

十萬年前的北斗七星

現在的北斗七星

十萬年後的北斗七星

天上群星朝北辰

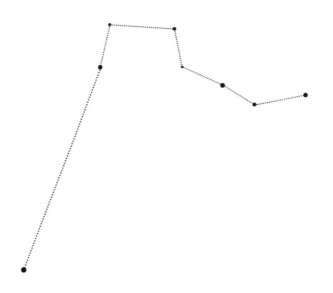

星空故事 1

孔子的感慨

2,500 年前的一個晚上，孔子漫步在小路上，抬頭仰望，燦爛的星辰布滿蒼穹，這景象雖然已經看了無數遍，但每一次仰望星空，他都會感到深深的震撼和敬畏。為了探索人生的真理，他已經思考了許多年，他感到自己正在逼近真理的源頭，那源頭是如此寶貴，世間的一切完全無法與之比擬，假如付出生命代價能夠換取它，也就心滿意足了。孔子感慨道：「朝聞道，夕死可矣！」

　　孔子停下來，猶如雕塑般靜靜佇立，眺望著北天的星星，熟悉的北斗星遙遙指向東方的天空。

　　時間靜靜地流淌，北斗星越來越高，它那巨大的勺把高高翹起，開始偏向南天。

　　其他星星也都隨著北斗星起舞，是的，它們都在旋轉。

　　在眾星的中央，孔子看到了一顆星，它並不是特別亮，同北斗七星相仿，但它顯得相當淡定悠然，其他眾星和北斗星一起環繞著它旋轉，那顆星叫北辰。

　　眾星環繞北辰，這是一幅多麼和諧的畫面，孔子立刻從天上聯想到了人間，如果主政的人能夠有相匹配的德行，該有多好，臣民們就會心甘情願地環繞在其周圍，猶如眾星環繞北辰一樣，那樣的社會當然要和諧多了。孔子說道：

　　「為政以德，譬如北辰，居其所而眾星拱之。」

　　孔子看到的那個眾星環繞的北辰星，就叫帝星。

　　顧名思義，帝星就是眾星之帝，它的地位非常特殊，眾星環繞，就像在天的中央一樣。

▍觀測指南 1

你能看出北方的星星在轉圈嗎？

　　找一個晴朗的晚上，長時間觀察北方的星空。你能發現星空在旋轉嗎？是順時針，還是逆時針？

夜間長時間曝光拍攝的北天星軌，顯示恆星圍繞著北極星轉動

星空故事 2

天上的紫禁城 —— 紫微垣

既然帝星是天帝，古代天文學家們就把帝星周圍那片星空稱為紫微垣，也就是天上的紫禁城，星空中一個非常重要的地方。

紫微垣仿照地上的朝廷組成，外圍有兩道恆星垣牆，每顆星都代表一個高階官員。右垣也就是西垣，從北向南分別為少丞、少衛、上衛、少輔、上輔、少尉、右樞。左垣即東垣，自北向南分別為上丞、少衛、上衛、少弼、上弼、少宰、上宰、左樞。丞是丞相（相當於現在的行政院長），左右樞是內閣高階首長（相當於現在的行政院副院長），輔、弼是高階閣員（相當於現在的政務委員），尉負責司法（相當於現在的司法部長），衛則負責軍事和安全（相當於現在國防部長），上與少則是官職的正職與副職的區別。

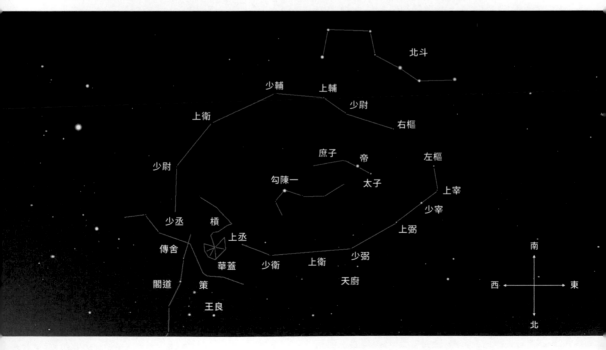

紫微垣有兩個門——南門和北門，北斗七星在南門口，那是皇帝巡視天下的車子。在北門口，有一個巨大的華蓋，那是天子出行打的黃羅傘，旁邊又有彎曲的槓星九顆，那是用來支撐華蓋的桿。天子打著黃羅傘，出紫微垣北門，就上了一條長長的閣道。閣道上有一排豪華的驛站，那是傳舍九星。閣道旁邊，優秀的駕車手王良駕車等候

帝星兩旁，分別是太子和庶子。

紫微垣正中央，是一顆叫勾陳一的星，它代表的是皇后。

時光荏苒，孔子之後兩千多年，帝星已經悄然退位，現在登上北極星大位的，是兩千多年前的皇后之星——勾陳一。

觀測指南 2

尋找北極星

　　北極星地位之所以特殊，因為它是自然界給人類設計的指路明燈 —— 一年四季幾乎總在正北方向，只要找到北極星，就辨清了方向。

　　怎樣找北極星呢？

　　北斗星勺口有兩顆星 —— 北斗二和北斗一，把這兩顆星用線連起來，再向北斗一方向延長出去 5 倍遠，就是北極星，所以這兩顆星又稱指極星。

　　當你第一次看到北極星的時候，你可能會很驚訝，它並不是特別亮呀！

　　是的，北極星並不是最亮的星，它只是一顆二等亮星，亮度在全天恆星中排名第 47 位。因為它的名氣太大，人們總是誤以為它是天上最亮的星。

天文小知識 1

北極星為什麼總位於正北方向？

答案是，地球那個假想的自轉軸指向了北極星附近，因此，無論地球怎樣自轉，你在地球上看北極星，它都是基本不動的。

天文小知識 2

恆星的命名

一般來說，恆星命名有兩套體系。

一種是西方的，也是世界通用的，西元 1603 年由德國天文學家約翰‧拜耳（Johann Bayer）提出，一個星座中最亮的恆星稱為 α，第二亮稱為 β，接著依次是 γ、δ……

勾陳一是小熊座最亮的星，就是小熊座 α；帝星是小熊座第二亮星，就是小熊座 β。由於恆星亮度變化或者當時目視觀測的誤差，現在有些星座的 β 星比 α 星還亮。

古人在星空裡劃分了 283 個星官（也就是星座），恆星命名是星官名加上序號，比如角宿一、心宿二，天津四、軒轅十四等，序號與亮度無關。有些星官只有一顆恆星，就沒有序號，比如北落師門、天狼星。

三個大而重要的星官 —— 三垣，紫微垣、太微垣、天市垣，其中的恆星名字是對應的官職、器物、地名等，也沒有序號。

天文小知識 3

北極星輪流當

地球自轉軸的指向看起來很穩定，其實它本身也在轉動，只不過非常緩慢，25,800 年轉動一周。

地軸的旋轉導致的後果是，北極星由不同的恆星輪流擔任。

夏商朝三代的兩千年間裡，北天極指向了小熊座的帝星附近，帝星就是那時的北極星，帝星的名字就由此而得。

此後很長時間，地軸指向的北天極附近沒有亮星。直到幾百年前，北天極漸漸指向勾陳一，於是勾陳一成為眾星環繞的北極星。勾陳一的地位目前還在不斷加強，因為地軸還在繼續靠近它。100 年後，22 世紀初，北天極最接近勾陳一，然後漸漸偏離而去。

西元 130 世紀，地軸將指向北天耀眼的明星 —— 織女星。在那前後上千年時間裡，織女星將是引人矚目的北極星，正如西元前 130 世紀，它曾是冰川時期我們祖先的北極星一樣。上一次織女星作北極星時，地球上是荒蕪的冰河世紀。地軸進動了半圈之後，地球上迎來了高度繁榮的現代文明。地軸再轉動半圈，織女星再次成為北極星時，大地上又會是什麼樣子呢？

星空故事 3

金字塔裡的神祕通道

建於四五千年前的埃及金字塔，是古埃及法老的陵墓，其中最大的一座，是第四王朝法老胡夫（Cheops）的金字塔。這座大金字塔原高 147 公尺，經過幾千年來的風吹雨打，頂端已經剝蝕了將近 10 公尺。這座金字塔的底面呈正方形，每邊長 230 多公尺，繞金字塔一周，差不多要走一公里的路程。

古代埃及的法老們為什麼要建造如此巨大的金字塔墳墓呢？原來，他們認為，自己既然是地上的王，死後也要是天上的神。《金字塔銘文》中有這樣的話：

「為他（法老）建造起上天的天梯，以便他可由此上到天上。」

金字塔就是這樣的天梯，其形狀象徵著刺向青天的光芒，表示對神的崇拜與連線。《金字塔銘文》中有這樣的話：

「天空把自己的光芒伸向你，以便你可以去到天上，猶如神的眼睛一樣。」

法老在金字塔墓室裡如何升上天空呢？在金字塔內部，有一條通向北方的墓道，墓道與地面呈 27 度夾角，這正是在當地看到的北極星的高度。

原來，墓道正指向北極星！

在古埃及人看來，北極星最能象徵帝王，因為其他星星都永不停歇地圍繞北極星轉動，那裡無疑是法老死後靈魂最好的歸宿。金字塔的墓道正好指向北極星，法老的靈魂就可以透過墓道升到北極星那裡，在天上繼續當帝王。

建造金字塔的時代，地球自轉軸指向天龍座的右樞星附近，右樞就是那時的北極星。當法老憧憬著死後升到天之中央繼續做天帝的時候，他們做夢也不會想到，天中央的北極星竟然也會像地上的朝代那樣更替！幾百年後，隨著一代法老王朝的結束，這顆暗弱的北極星也從金字塔隧道的視野中漸漸隱去了。

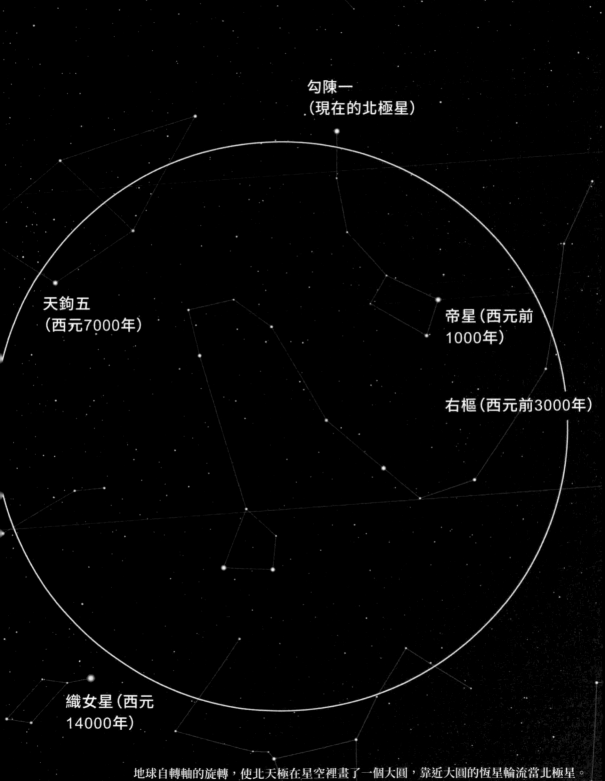

勾陳一
（現在的北極星）

天鉤五
（西元7000年）

帝星（西元前
1000年）

右樞（西元前3000年）

織女星（西元
14000年）

地球自轉軸的旋轉，使北天極在星空裡畫了一個大圓，靠近大圓的恆星輪流當北極星。

大熊和小熊

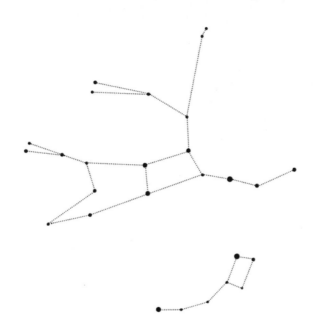

星空故事 1

熊的故事

北斗七星這把大勺子雖然地位顯赫,但在現代星座體系裡卻不是一個獨立的星座,而是大熊座的一部分,北斗的斗柄就是大熊的尾巴。這頭熊很是碩大,它在全天 88 星座中排名第 3。

別看這頭熊現在的樣子很粗笨,最初她可是一個美麗的公主呢。

這個公主名叫卡利斯托(Callisto),長得清秀苗條,身體強健,喜歡拿著弓箭和長矛,跟隨著狩獵女神阿提米絲(Artemis),在高山密林中勇

猛地追逐野獸。後來，卡利斯托被宙斯所愛，為他生了一個兒子，叫阿卡斯（Arcas）。天后赫拉（Hera）對卡利斯托非常忌恨，就施魔法把她變成了一頭大熊。從此，卡利斯托只好在森林裡流浪。

十五年過去了，一天，卡利斯托遇見了一位年輕而英武的獵人，她眼睛一亮，這不是自己的兒子阿卡斯嗎？卡利斯托驚喜萬分，張開雙臂撲向阿卡斯，準備擁抱他。

但阿卡斯怎麼會知道這頭熊竟然是自己的母親呢？看到大熊撲來，以為是要攻擊自己，便舉起長矛，用力向大熊刺去。

就在千鈞一髮之際，天神宙斯從天上看見，立即把阿卡斯變成一頭小熊。小熊認出了自己的媽媽，避免了一場悲劇。後來，宙斯把大熊和小熊都升到天上，成為大熊座和小熊座。

大熊和小熊母子相見，多麼快樂呀。小熊總是想撲向大熊的懷抱，大熊則總是護衛著小熊，永遠不知疲倦地在小熊的四周快樂地奔跑，一圈一圈地轉個不停。

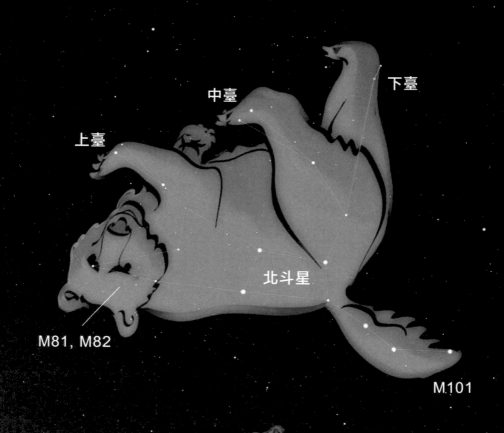

上臺

中臺

下臺

北斗星

M81, M82

M101

帝

北極星（勾陳一）

南
西 ← → 東
北

▌觀測指南 1

小勺子

小熊星座主要由七顆星組成，形狀也像一個勺子，人們稱它為小北斗。小勺子的勺把就是小熊的尾巴，大名鼎鼎的北極星勾陳一就在小熊的尾巴尖上。2,000 多年前的北極星 —— 帝星，也在小熊星座裡。

帝星和勾陳一亮度差不多，都在北方天空，人們很容易把這兩顆星混淆，透過北斗七星勺口的兩顆星，才容易判斷出哪一顆是真正的北極星。

▌觀測指南 2

大熊的腳 —— 三臺星

大熊有三隻腳很好辨認，每隻腳有兩顆星，這兩顆星靠得很近。這三組星，分別叫上臺、中臺和下臺，合稱為三臺。三臺星是天帝進出紫微垣的臺階，也是主管階層的星神，古代占星家們常用三臺星進行占卜。

▌天體鑑賞 1

大風車星系

北斗勺子柄的搖光和開陽星附近，有一個黯淡的雲霧狀天體 —— M101，肉眼看不見，用小型天文望遠鏡可見模糊的光斑。

M101 是一個河外星系，距離地球 2,100 萬光年，它是一個螺旋星系，正面正好對著地球。藉助哈伯太空望遠鏡，我們可以看到它那動態感很強的漩渦，就像一個旋轉的風車，人們又稱它為大風車星系。M101 的直徑約 17 萬光年。

天體鑑賞 2

漩渦與雪茄

在大熊的頭部耳朵附近，有一對星系：M81 和 M82，用雙筒望遠鏡或小型望遠鏡可以看到，天文臺大型望遠鏡拍攝的圖片則顯示出更清晰的細節。

M81 是一個美麗的螺旋星系。M82 被稱為雪茄星系，它是一個正在形成大量恆星的星暴星系。雪茄冒出的滾滾紅煙，是恆星風吹出的氣體和塵埃，那是一股股超級星系風，紅色的細絲延伸超過 10,000 光年。（圖見下面）

大風車星系 圖片來自 NASA/ESO

▋天文小知識 1

梅西耶星雲表

M101、M81、M82，為什麼前面都帶個「M」呢？

200多年前，法國有一個著名的觀測天文學家——梅西耶（Charles Messier），是一個很厲害的彗星獵手。彗星是雲霧狀的，星空裡有很多固定的雲霧狀天體，很容易和彗星混淆，於是梅西耶就下了很大功夫，把這些雲霧狀天體記錄下來，編成了一個表，就是梅西耶星雲表。這個表裡一共有110個天體，這些天體都以梅西耶名字的首字母M開頭，比如，M101就排在這個表的第101位。

後來天文學家用更大的望遠鏡，看到了更多的雲霧狀天體，編了一個《星雲和星團新總表》，簡稱NGC星表，表中包括星雲星團星系7,840個。M101排在這個星表的第5,457位，它又叫NGC 5457。

以M開頭的天體，都是較近較亮的深空天體，用小望遠鏡就可以看到。但要注意，小望遠鏡裡看到的是模糊的雲斑；絢麗的彩色圖片大多是哈伯太空望遠鏡或者別的大望遠鏡拍攝的。

M81（上）和 M82（下） M81 M82：Johannes Schedler（Panther Observatory）

天文小知識 2

哈伯深空（Hubble Deep Field, HDF）

當你眺望大熊座的時候，視線是遠離銀河的。遠離銀河有什麼好處呢？銀河就是巨大的銀盤，它裡面有很多氣體塵埃，很容易遮擋視線，如果你向銀河方向看去，很難看到銀河系外面。

大熊座方向遠離銀河，受銀盤的氣體塵埃影響較小，是瞭望宇宙深處的極佳視窗。

1995 年 12 月 18 日，哈伯太空望遠鏡對準了大熊座內一個很小的區域，進行了長時間拍攝，得到的影像稱為哈伯深空。

哈伯深空可見幾千個星系，其中一些星系是目前已知最遙遠因而也是宇宙最早期的星系。

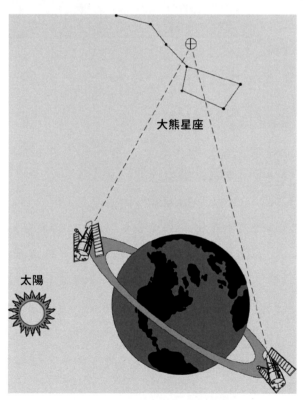

大熊星座

太陽

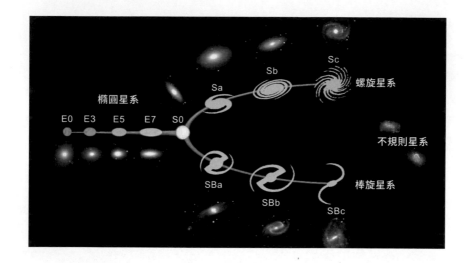

天文小知識 3

哈伯音叉圖

　　河外星系數量眾多，卻並非千姿百態。美國天文學家哈伯（Edwin Hubble）發現，星系根據形狀大致可分為三類：橢圓星系、螺旋星系、棒旋星系。這三類星體畫在一張圖上，很像一個音叉，稱為哈伯音叉圖。

　　還有一些星系形狀很不規則，不能歸入以上三類，稱為不規則星系。

　　橢圓星系呈橢圓形或正圓形，沒有漩渦結構，通常中央較密，包含一個核，至外圍亮度逐漸下降。橢圓星系用字母 E 表示，後面跟一個表示扁度的數字，正圓形的就稱為 E0，E1 稍扁一點，E7 最扁。

　　螺旋星系具有明顯的旋臂結構。中心有一個核，從核心向外伸出兩條或多條旋臂。螺旋星系用字母 S 表示，根據核球大小和旋臂伸展程度分為 Sa、Sb、Sc 三種型。

　　棒旋星系與螺旋星系有相似的旋臂，但中心不是橢球而是一個棒。按旋臂纏捲的鬆緊程度，棒旋星系分為 SBa、SBb、SBc 三種型。

天龍

星空故事 1

一條會噴火的大龍

　　大熊和小熊之間，有一串星星清晰可見，那是天龍的尾巴。

　　天龍凶猛無比，能夠噴火，還長了 100 個腦袋，而且從不闔眼睡覺。天龍看守著赫拉的金蘋果樹，人若吃了那樹上結出的金蘋果就可以長生不老，後來金蘋果還是被大力士海克力斯（Hercules）偷走了。

　　大熊和小熊幸福地在天上團聚在一起，天后赫拉就很不高興了，正好這時候大龍弄丟了金蘋果無事可幹，赫拉就把牠派到北天，天龍那巨大的尾巴橫亙在大熊和小熊之間，不停地騷擾他們。

觀測指南 1

高昂的龍頭

天龍座是一個較大的星座，全天排名第 8，雖然大，卻沒有什麼亮星，但是天龍的頭還是很容易辨認出來的。

星座裡最亮星叫天培四，它和附近的天培三、天培一、天培二組成一個不規則的四邊形，那就是天龍高昂的頭。這龍頭四星的亮度分別是 2 等、3 等、4 等、5 等，正好可以當作練習辨認星等的參照。

觀測指南 2

觀右樞，遙想當年的顯赫

天龍尾部有一顆不起眼的 4 等星 —— 右樞，別看它暗弱，5,000 年前卻很顯赫，因為那時地球的自轉軸指向了它。也就是說，5,000 年前，右樞是眾星環繞的北極星。

那時候，人們把右樞這顆暗弱的恆星當成天帝膜拜，金字塔裡的法老夢想著從塔內的隧道升到它那裡。現在，隨著地軸的離開，右樞已經成了一顆默默無聞的小星。

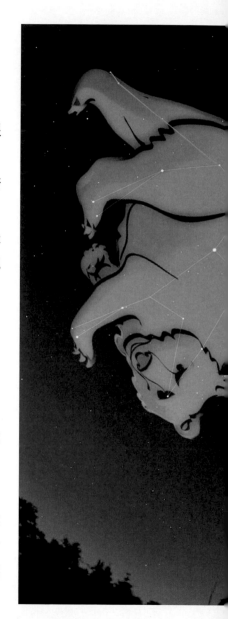

右樞

天培

三
二
四
一

織女星

勾陳一

南
西 ── 東
北

天體鑑賞 1

貓眼星雲

　　天龍的頭部下方，有一個著名的雲霧狀天體，哈伯望遠鏡拍攝的圖片為我們展示出它清晰的細節，它看上去酷似貓的眼睛，人們叫它貓眼星雲。貓眼星雲距離我們約 3,000 光年，是一顆類似太陽的恆星在生命最後階段丟擲自己的氣體形成的。在它的中央有一顆星，就是那個死亡恆星的殘骸。

觀測指南 3

象限儀座流星雨

　　北半球每年有三次規模較大的流星雨，分別是象限儀座流星雨、英仙座流星雨、雙子座流星雨。象限儀座是一個古老的星座，現在已經取消，其地盤被劃入天龍座、牧夫座和武仙座。

　　象限儀座流星雨的活動期為 1 月 1 日到 1 月 5 日，高峰期一般在 1 月 3 日前後，峰值平均流量可達每小時 120 顆，這是一個理想極限值，在實際觀測時因受種種條件限制，觀測到的流星數量會大大減少。

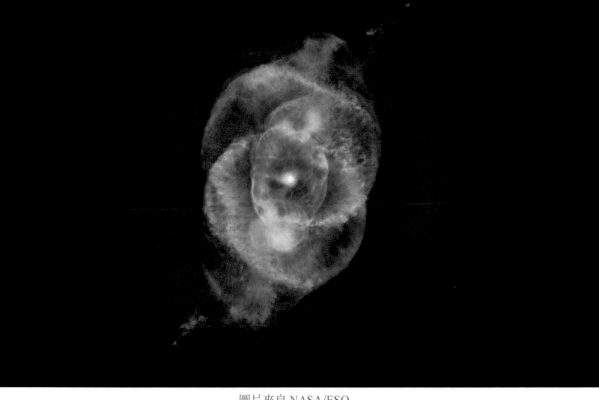

圖片來自 NASA/ESO

天體鑑賞 2

一個星系被吃掉了

海裡的大魚會吃小魚，宇宙裡的大星系也會吞吃小星系。

天龍座有一個巨大而奇特的星系，叫 NGC 5907，它正好以側面對著我們，看起來幾乎是一條直線，天文學家又稱它為刀鋒星系。這個星系直徑超過 15 萬光年，距離地球約 3,900 萬光年遠。這個大星系在遙遠的過去曾經捕食了一個小星系，小星系被 NGC 5907 撕扯和吞併，散落在軌道上的碎片是小星系掙扎逃亡直到被吞併時留下的痕跡。

刀鋒星系：R Jay Gabany（Blackbird Observatory）

天體鑑賞 3

被襲擊的星系

　　天龍座裡還有一個形狀非常奇特的星系，這個星系有著長長的尾巴，像一隻遊弋在太空的蝌蚪，蝌蚪的尾巴長達 28 萬光年。蝌蚪星系距離我們很遙遠，遠在 4.2 億光年之外。蝌蚪星系的特殊形狀，是受到了另一個較小星系碰撞造成的。這個入侵者幸運地逃離了案發現場。

圖片來自 NASA/ESO

第三部分
春夜星空

4 月 15 日：22 點；

5 月 15 日：20 點。

恆星每天比前一天提前約四分鐘升起，造成同一位置。

牧夫座

獵犬座

后髮座

獅子座

巨蟹座

室女座

巨爵座

烏鴉座

長蛇座

北
東　　西
南

牧夫和獵犬

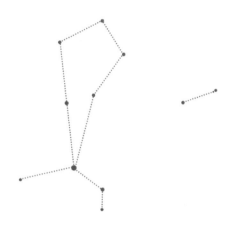

觀測指南 1

牧夫座

北斗七星是認星星的參考指標，從斗柄三顆星的弧線延長出去，可以找到一顆非常明亮的星，它就是大角星，全天第 4 亮星。

大角星北方，有 5 顆暗一些的星組成一個五邊形，像一個大風箏，大角星就像風箏下面掛著的一盞明燈，它們一起組成了牧夫星座。

星空故事 1

大熊的看守者

牧夫是一位獵人，他是赫拉的心腹。赫拉對大熊和小熊母子在北天星空裡團聚非常嫉妒，先派出天龍去騷擾，後又派出自己的心腹獵人，牽著

兩隻獵犬,緊緊地追趕在大熊的後面,使她一刻也不能安心休息。

　　大角星在西方的意思就是熊的看守者。牧夫的兩隻獵犬竄在牧夫前面,狂吠著撲向大熊,就要咬著大熊的後腿了,這兩隻獵犬就是獵犬座。

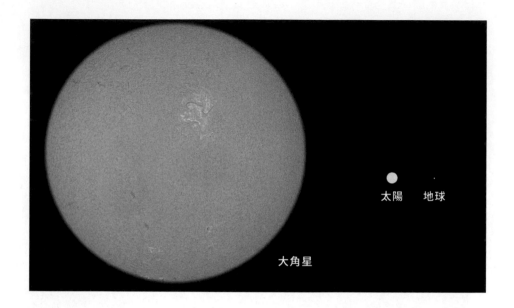

太陽　地球

大角星

觀測指南 2

橙色大角星

　　大角星是一顆光彩奪目的恆星，它是一顆 0 等星，在春末和夏天的傍晚閃耀在頭頂附近的天空，發出明亮的橙色光輝，被人譽為「眾星之中最美麗的星。」

　　即使在星星稀少的城市上空，人們也很容易看到它，如果空氣非常潔淨，你可以看到它發出淡淡的橙色。

　　大角星質量比太陽稍大，因為演化到晚期，體積大大膨脹，約是太陽的 8,000 倍，亮度約是太陽的 100 倍，距離我們約 36 光年。

　　晴朗的夜晚，到戶外找到大角星，仰望它，想一想高懸於天空的那顆亮星，有多遠，有多大，有多亮，體會太空的浩瀚和天體的偉大。

　　大角星光來自 36 年前，你今天看到的它，其實是它 36 年前的樣子。

假如今天有高階智慧的生命從大角星處看地球，他們看到的你，會是多大年齡呢？

▌天文小知識 1

恆星的顏色之謎

　　大角星的顏色是橙色。如果天空很潔淨，你觀察夜空中的恆星，會很容易發現恆星有各式各樣的顏色，有的發藍，有的發白，有的發黃，有的發紅。恆星的顏色為什麼不同呢？

　　恆星的能量來自核心的原子核融合，它們是熊熊燃燒的核融合火爐，有的爐火很旺，溫度很高，就發出藍色火焰；溫度低一些，就發出白色火焰；再低，就發出橙色火焰；最低的，就發出紅色火焰。

　　天文學家們根據恆星的光譜顏色，把它們劃分成七大類：

　　O、B、A、F、G、K、M。

　　不同光譜恆星的溫度與顏色如下：

- ★ O 30,000~60,000K 藍色
- ★ B 10,000~30,000K 藍白色
- ★ A 7,500~10,000K 白色
- ★ F 6,000~7,500K 淡黃白色
- ★ G 5,000~6,000K 黃色
- ★ K 3,500~5,000K 橙色
- ★ M 2,000~3,500K 紅色

　　（注：K，絕對溫標，0K 等於攝氏零下 273.15 度。）

恆星的溫度為什麼不同呢？最主要的因素是質量。質量越大，核融合的爐火就會燒得越旺，質量越小，爐火相對就越弱。所以，通常情況下，O型星是大質量的藍色超巨星，而M型星則是小質量的紅矮星。

太陽的質量超過95%的恆星，它是一顆黃色的G型星。

大角星是橙色的K型星，表面溫度比太陽低，但它的質量比太陽還大一點，原因是它已衰老，體積膨脹得很大，導致表面溫度降低。未來它的體積會膨脹得更大，表面溫度更低，顏色變紅，成為一顆紅巨星。

觀測指南 3

獵犬座和常陳一

獵犬座夾在大熊和牧夫之間，很小，很暗弱，最亮的星叫常陳一，英文意思為「查理之心」，是為了紀念英國國王查理一世（Charles I）而命名的。西元1649年，專政的英王查理一世被克倫威爾（Oliver Cromwell）領導的議會軍隊在斷頭臺處死，11年之後，查理一世的兒子復辟登基，成為查理二世（Charles II）。

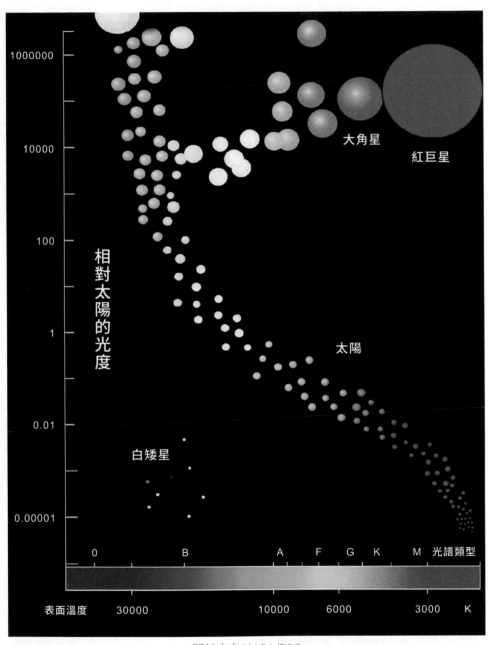

圖片來自 NASA/ESO

天體鑑賞 1

問號星系 —— M51

獵犬座裡，靠近大熊座方向，有一個雲霧狀
天體 —— M51（NGC 5194），它是一個螺旋星
系，幾乎完全以正面對著地球，旁邊有一個形狀
不規則的小伴星系（NGC 5195），看上去就像一
個問號。

對於天文愛好者來說，如果天空足夠黑暗，
M51 會是一個容易觀測的美麗目標，星系明亮的
核心用雙筒望遠鏡就可見，用一架口徑 20 公分
的望遠鏡可以看到旋臂結構。哈伯望遠鏡拍攝並
處理後的畫面，清晰地顯示出 M51 的旋臂和塵埃
帶掃過其伴星系 NGC 5195 的前面。

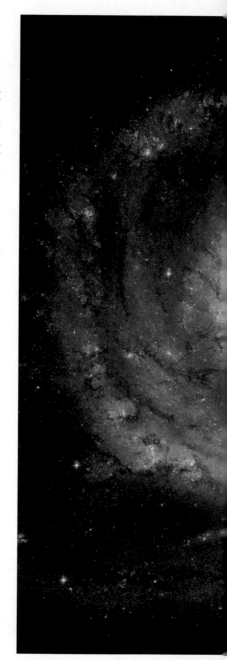

M51 和它的伴星系

室女

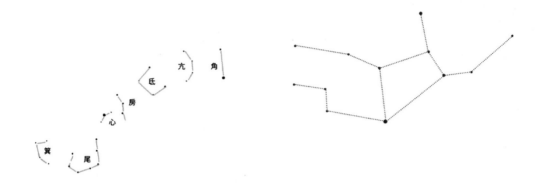

星空故事 1

龍抬頭

　　從大角星繼續往南，可以看見另一顆明亮的 1 等星，它是角宿一，室女座最亮的星。在古代二十八宿裡屬於角宿。

　　二十八宿組成了星空裡著名的四大神獸 —— 東方蒼龍、西方白虎、南方朱雀、北方玄武。東方蒼龍由前七宿 —— 角、亢、氐、房、心、尾、箕組成，角宿就是蒼龍的角。

　　在三四千年前，每年農曆二月分，太陽落山不久，角宿一就升起在東南方地平線上，人們看到角宿一升起，就知道蒼龍的頭已經抬起，是春回大地的時候了。因為龍一抬頭，雨水就多起來了，這是農民們最盼望的。

　　傳說有一天，玉皇大帝想看看人心是善還是惡，就降臨人間，化身成一個乞丐。他來到一個財主家，財主不但不給飯，還放出惡狗來咬他。

玉帝大怒，認為人心變壞了，就命令主管行雨的蒼龍，三年內不得向人間降雨。

天不降雨，莊稼沒有收成，很多人餓死了，哭號遍野，蒼龍非常難受，就自作主張為人間降了一次大雨，旱情解除，莊稼豐收，百姓紛紛供起蒼龍。

玉皇大帝知道後很生氣，就把蒼龍壓在一座蒼龍山下，並放出話來，蒼龍要想重返天庭，除非金豆開花。

人們紛紛為蒼龍鳴不平，可是也沒有辦法，就到處找會開花的金豆，可是哪有金豆會開花呀？到了二月初二，人們翻晒玉米種子，看到金黃的玉米粒，忽然想到這不是金豆嗎？玉米爆炒成爆米花，不就是金豆開花嗎？於是家家戶戶爆玉米花，把爆玉米花擺到外面，祈求玉帝說，金豆開花了，釋放蒼龍吧。玉帝派千里眼向下一看，果然到處金豆開花，於是釋放了蒼龍。

人們為了紀念蒼龍降雨救民的精神，就把二月二設成春龍節，在這一天爆米花，吃麵條（龍鬚）。

星空故事 2

農業女神

室女座又稱處女座，是一個黃道星座，全天第二大星座。

室女是一位華貴的女神，她有一對天使的翅膀，一隻手還拿著一把麥穗。

在古希臘神話裡，室女是宙斯的姐姐狄蜜特（Demeter），她是農業女神，掌管植物的生長。春天夜晚，農業女神從東方升起，於是草木生長，百花盛開。

狄蜜特有個美麗的女兒波瑟芬妮（Persephone），一天，波瑟芬妮外出遊玩，被宙斯的哥哥 —— 冥王黑帝斯（Hades）擄去做了妻子。狄蜜特不見了女兒，十分悲痛，就到處去尋找女兒，以致田地荒蕪，大地一片凋零。宙斯就想說服冥王，將波瑟芬妮送還給狄蜜特，但波瑟芬妮習慣了地府生活，在那裡過得很快活，不想回去。

為了使大自然正常運作，宙斯便安排她們母女一年中有三個月在一起生活，另外九個月波瑟芬妮返回地府。這樣，當波瑟芬妮回到身邊時，狄蜜特便和女兒一起隱藏到山洞中生活，人們在夜空中看不到狄蜜特，大地也不長五穀，草木枯黃，這就是冬天。三個月後，波瑟芬妮返回地府，狄蜜特開始出來巡視工作，也就是春回大地了。

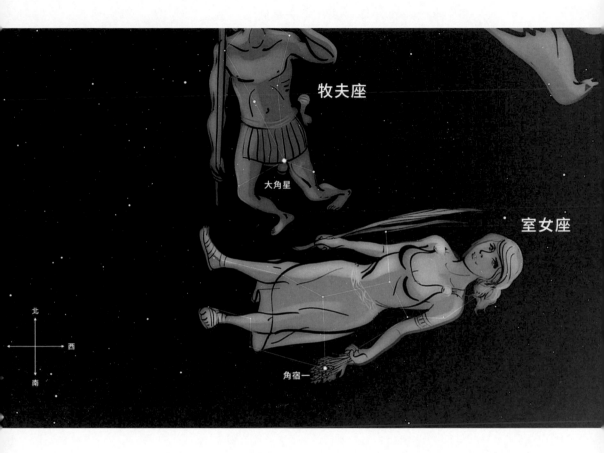

牧夫座

室女座

大角星

角宿一

北
西
南

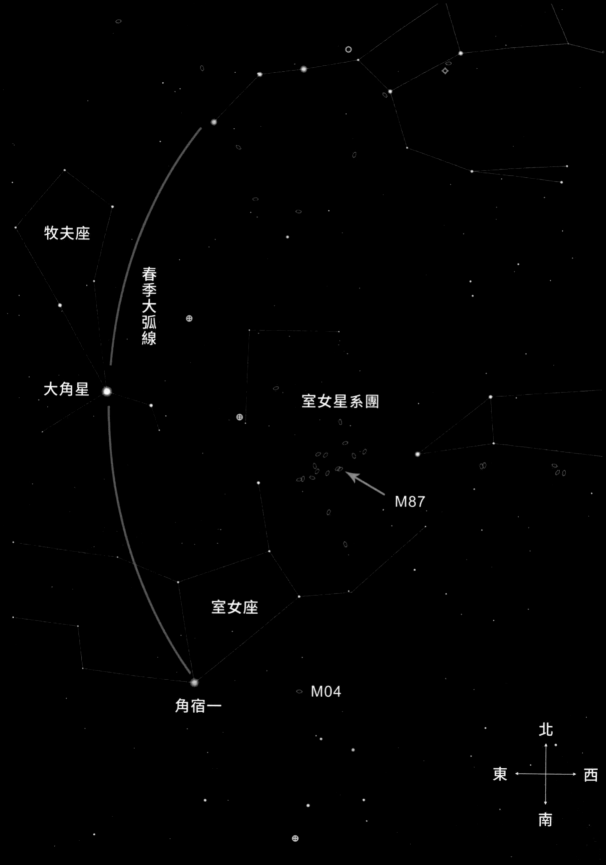

牧夫座

春季大弧線

大角星

室女星系團

M87

室女座

M04

角宿一

北

東 ←→ 西

南

觀測指南 1

春季大弧線

沿著北斗星斗柄上三顆星的弧線，一直延伸出去，就可以看到橙色亮星大角，從大角星繼續延伸出去，就是室女座最亮的星 —— 青白色的角宿一了。從北斗星勺子柄經大角星至角宿一的一段弧，就稱為春季大弧線。

觀測指南 2

角宿一

角宿一是 1 等星，在全天 21 顆亮星中排名第 16，距離我們 250 光年。

角宿一實際上是一對距離很近的雙星，兩顆恆星彼此距離只有一千多萬公里，只需 4 天時間就環繞一周。

雙星中的主星 —— 角宿一 A，質量超過太陽 10 倍，是典型的大質量恆星，因為太陽的質量已經超過了 95% 的恆星。

這顆恆星因為質量大，燃燒十分猛烈，表面溫度 23,000 多 K，是太陽表面溫度的 4 倍。這種恆星未來的結局是超新星爆發，在能夠爆發超新星的恆星中，角宿一差不多是最近的，不過它的體積還未明顯膨脹，距離爆發尚需時日。

觀測指南 3

室女座星系團

室女座有一個著名的星系團 —— 室女座星系團，這個星系團約有幾千個星系，平均距離地球約 5,000 萬光年。

梅西耶星表中共有 34 個河外天體，室女座星系團的成員就占了 16 個。

天體鑑賞 1

草帽星系 M104

　　室女座有一個漂亮的螺旋星系 M104，又稱草帽星系，位於角宿一附近，距離地球 2,930 萬光年，直徑 8 萬多光年，質量約為 8,000 億個太陽，用小型望遠鏡即可看見。哈伯太空望遠鏡拍攝的畫面，清晰顯示出該星系的漩渦結構，以及沿星系盤分布的塵埃，即邊緣的那條暗帶。

圖片來自 NASA/ESO

▌天體鑑賞 2

M87 星系的中心黑洞

　　室女座星系團中心有一個非常巨大的星系 —— M87，一個超巨型橢圓星系，直徑約 50 萬光年。M87 以一個明顯的特徵聞名：它的中央有一個驚人的噴流，長度達 5,000 光年，那是中心黑洞作用的產物。

　　2019 年 4 月 10 日，人類拍攝的首張黑洞照片公布 —— M87 中心黑洞。

　　這個黑洞的質量是太陽的 65 億倍，直徑 400 多億公里，比太陽系八大行星的範圍大得多。

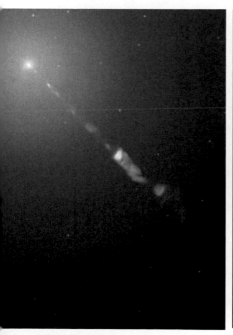

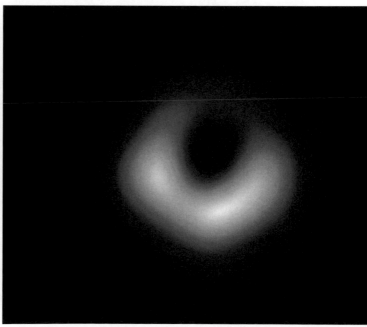

圖片來自 NASA/ESO　　　　　　　　　　M87 中心黑洞：Event Horizon Telescope Collaboration

天體鑑賞 3

星系雙人舞

　　室女座的一對星系 —— NGC 5426 和 NGC 5427，合稱為 ARP 271，它們相互纏繞，在 9,000 萬光年遠的太空深處跳起了優美的舞蹈，在遙遠的未來，它們會深情地擁抱在一起，合併成一個更大的星系。影像由位於智利的雙子天文臺 8 公尺望遠鏡拍攝。

ARP 271：Gemini Observatory, GMOS-South, NSF

獅子

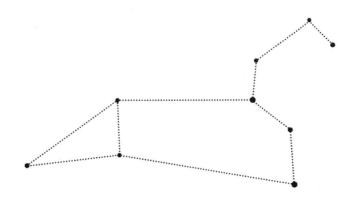

▋星空故事 1

威武雄獅

　　室女的西方，是一頭凶猛的獅子。這頭獅子整天在一片名叫尼米亞（Nemea）的森林內外遊蕩，傷害人和牲畜。大力士海克力斯奉赫拉之命去消滅這頭獅子。他身背弓箭，手拿一根大棒，走進大森林，去尋找巨獅。

　　黃昏時，海克力斯看到巨獅從森林深處走來，就躲在大樹後面，向牠射出一箭，箭射在獅子身上，就像碰在堅硬的石頭上一樣掉到地上。獅子發現了海克力斯，吼叫著向他猛衝過來，吼聲使整個山林震顫。

　　海克力斯舉起大棒狠狠擊向獅頭，大棒斷成幾截，獅子毫髮無損，海克力斯急忙閃身騎上獅背，用雙臂緊緊勒住獅子的脖頸，把牠勒死了。

　　為了紀念海克力斯的功績，宙斯就把這頭獅子升上天空，成為獅子座。

北
東　　　西
南

大角星
軒轅十二
五帝座一
軒轅十四
角宿一

星空故事 2

黃帝軒轅

　　獅子頭部反問號的六顆星，屬於古代軒轅星官的一部分，其中軒轅十四最亮，是一顆著名的 1 等星。

　　軒轅是黃帝的號，他在三十七歲當上了天下的首領，蚩尤不服，起來造反，黃帝徵召各部落討伐，九次戰鬥都失敗了，黃帝為此憂心忡忡。

　　一天晚上，黃帝夢見大風吹走了地上的塵垢，接著又夢見一個人手執千鈞之弩驅羊群數萬。後來遇到了風后、力牧兩人，黃帝認為是自己夢中的人物出現，就任命風后為相，力牧為將，開始大舉進攻蚩尤。蚩尤布下百里大霧，三日三夜不散，風后製造出了指南車，力牧率大軍在指南車的

指引下，衝出重重大霧，戰勝蚩尤，統一了中原。

黃帝還命大臣制定天干地支用來計算年月日，後人稱之為「黃帝曆」，俗稱「黃曆」。干支紀年法，就是從黃帝即位的時間算起的，他即位的那一天，就是甲子年甲子月的甲子日，這一紀年法延續了幾千年，直到今天還在使用。黃帝又命倉頡始創象形文字，才開始有了文字，進入了文明社會。黃帝還和岐伯、雷公探討醫藥，創立中醫養生治病的方法，這就是後來流傳的《黃帝內經》。

黃帝一生歷經五十三戰，統一了三大部落，結束了互相殺伐的局面，告別了野蠻時代，建立起世界上第一個有共主的國家，所以後世人都尊稱軒轅黃帝是「人文始祖」。

閃耀在星空的軒轅星就是對這位中華人文始祖的紀念。

▌觀測指南 1

軒轅十四

在夜空裡尋找獅子座，它的典型標誌是一串星星組成了一個反寫的問號，那是獅的頭，其中最亮的星叫軒轅十四。

軒轅十四是全天 21 顆 1 等亮星之一，在春夜星空中相當引人注目。它的位置很接近黃道，經常和太陽、月亮、行星會合，人們把它稱為「王者之星」。

軒轅十四距離地球 80 光年，是一顆四合星，軒轅十四 A 是主星，質量是太陽的 4 倍，發出藍白色的光。

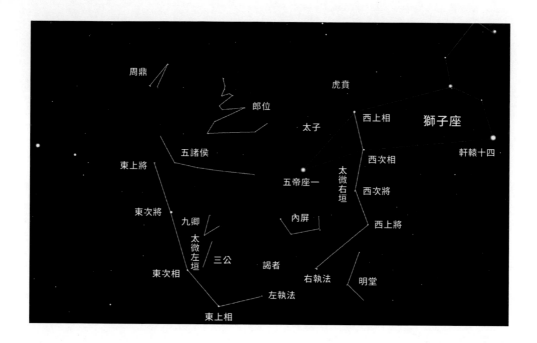

星空故事 3

天上的朝廷 —— 太微垣

　　獅子座尾巴尖的亮星叫五帝座一，它是一顆 2 等星。雖然是 2 等，但由於周圍沒什麼亮星，所以這顆星就顯得很醒目。

　　五帝座，就是天帝的座位。天帝坐在這裡幹什麼呢？原來這裡是最高行政機構所在地，即天上的朝廷 —— 太微垣。

　　太微垣的左右垣牆各有五星，東面自南至北依次為左執法、東上相、東次相、東次將、東上將；西面自南至北依次為右執法、西上將、西次將、西次相、西上相。

　　太微垣中間有一道屏風 —— 內屏四星，把天子與百官隔開，使他們保持著一定的距離，這有利於維護帝王的尊嚴和安全。三公、九卿和五諸侯

等百官，與天子中間隔著內屏。內屏裡面只有太子，他跟隨天子聽政，學習從政的經驗。內屏外面，太微垣南門內，有謁者一星，他負責傳達天子的命令，引見臣下或使者到天子面前。

▌觀測指南 2

春季大三角、春季大鑽石

大角星、角宿一和西邊獅子座尾巴尖的亮星 —— 五帝座一，三顆星組成了一個近似等邊的三角形，被稱為春季大三角，它是春夜認星的顯著標誌。

春季大三角的三顆亮星，再加上獵犬座的 3 等星常陳一，四顆星組成的巨大四邊形，很像一顆鑽石，被稱為「春季大鑽石」。

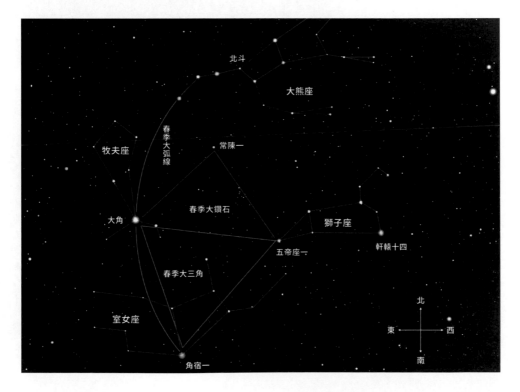

天體鑑賞 1

NGC 3628 星系

　　位於獅子後腿部的 NGC 3628 是一個扁平的螺旋星系，正好以側面對著我們，距離我們大約 3,500 萬光年遠。星系盤裡的氣體塵埃形成了一個暗帶，遮擋了星系的光芒。

NGC3628： Alessandro Falesiedi P65 星系裡的珍禽異獸館： MASIL Imaging Team

▌天體鑑賞 2

星系珍禽異獸館

　　獅子頸部，距離地球大約 1 億光年的遠方，有一群星系，稱得上星系裡的珍禽異獸館。位於中間的那兩個螺旋星系，下面是側對著我們、存在明顯塵埃帶的 NGC 3190，上面則是顏色偏藍、扭成 S 形的 NGC 3187。右下角那個好像眼睛一樣的環狀星系是 NGC 3185，只有上方那個橢圓星系 NGC 3193 顯得平淡無奇。

觀測指南 3

獅子座流星雨

　　獅子座流星雨雖然不屬於北半球三大流星雨，但它被一些人稱為流星雨之王，因為每隔大約 33 年，獅子座流星雨就會來一次大爆發。2001 年的 11 月 17 日夜，獅子座流星雨就曾經大爆發。那一夜，筆者曾經召集了近千人，乘坐幾十輛巴士，浩浩蕩蕩來到田裡觀測流星雨；幾千顆流星從天空劃過，田野裡不時傳出陣陣驚呼。

　　在平常年分，獅子座流星雨總是默默無聞，最大流量不過每小時十幾顆而已。

天文小知識 1

獅子座流星雨成因

若干億年前,一顆叫做坦普爾‧塔特爾(55P/Tempel-Tuttle)的彗星圍繞著太陽運行,週期為 33 年,它的軌道和地球公轉軌道相交。彗星受到太陽照射逐漸解體,在其軌道上拋灑了大量的流星體顆粒,這些顆粒當然還在原來的軌道上繼續圍繞太陽運行。地球在每年的 11 月 14 日至 11 月 21 日期間穿過坦普爾‧塔特爾彗星的軌道,於是就有大量流星體顆粒高速劃入大氣層,形成流星雨。

相對於那些流星體顆粒來說,地球那幾天是向著獅子座運行的,於是從地球上看,那些流星就好像是從獅子座輻射出來,輻射點在獅子座,就稱為獅子座流星雨。

彗星在它行進的軌道上散下的小顆粒分布並不均勻,大多數地方都很稀疏,只有彗星原來的核心位置附近才比較密集,而那個密集流星體群 33 年才來到地球軌道一次,因而獅子座流星雨大約 33 年才有一次大爆發。

巨蟹

▌星空故事 1

獅子的幫凶

　　獅子氣勢洶洶地面朝西方，在牠的面前，有一隻張牙舞爪的動物 ──
一隻大螃蟹，巨蟹座，黃道十二星座中最小、最暗的一個。

　　巨蟹雖然和獅子怒目相向，但牠們其實並不是敵人，而是戰友。

　　大力士海克力斯受天后赫拉之命，去征服九頭蛇怪，此舉實際上是想
用怪物除掉大力士。當大力士與九頭蛇怪大戰時，忽然不知從哪裡冒出來
一隻巨大的螃蟹，用雙螯緊緊地夾住海克力斯的腳，原來它是天后赫拉派
來幫助九頭蛇怪的。海克力斯的腳被夾住，劇痛難忍，他舉起手中的大棒
猛擊下去，這隻螃蟹立刻被擊得粉碎，這就是巨蟹的來歷。

狮子座

五帝座一

轩辕十四

巨蟹座

北

東　　西

南

▌星空故事 2

鬼宿與積屍氣

　　巨蟹座裡有四顆暗弱的星組成一個不規則的四邊形，它就是二十八宿中的鬼宿。

　　為什麼叫鬼宿呢？在這四星中間，肉眼隱隱約約可以看見一團白色的雲氣，就像一團鬼氣一樣，古人稱之為「積屍氣」。日本漫畫書《聖鬥士星矢》中，巨蟹座聖鬥士有一個絕招 ── 發射「積屍氣冥界波」，就由此而來。

　　既然是「積屍氣」，就應該與不祥的東西連繫在一起，古代的占星家們常用鬼宿中積屍氣的明暗程度來判斷災害與戰爭的慘烈程度。如果積屍氣明亮，代表災害甚大，會導致很多人死亡。

觀測指南 1

蜂巢星團 M44

找到巨蟹座 4 顆暗星組成的不規則四邊形,在四邊形中間用肉眼尋找積屍氣。「積屍氣」並不是什麼雲氣,而是一個約有 500 多顆恆星組成的疏散星團,稱為鬼星團,又稱蜂巢星團,M44。

M44 距離我們約 520 光年,遙遠的恆星光線微弱而密集,不容易分辨,看上去就像一團白色的雲氣了。用雙筒望遠鏡就可以分清楚裡面一顆顆的恆星,在天氣晴朗、夜晚沒有光害的地方,視力好的人也可以直接看出星團中的一粒粒星點。

西方人把星團東側的兩顆星鬼宿三和鬼宿四看作正在馬槽吃飼料的驢子,星團就是驢子吃的飼料,又稱這個星團為馬槽星團。

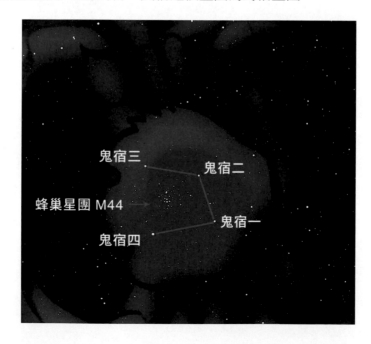

后髮

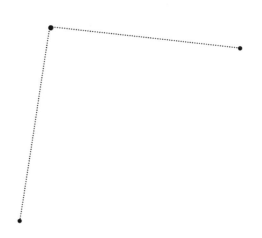

▌星空故事 1

王后的秀髮

　　大熊、牧夫、獅子、室女這四個明亮的星座中間，有一片黯淡的星空，它被西方人看作一束美麗的頭髮，就是后髮座。

　　這束長髮是古代埃及王后貝勒尼基（Berenice）的。一次國王遠征，王后非常擔心國王的安全，就向女神維納斯祈禱，保佑國王平安。並許願說，如果神能保佑國王勝利歸來，就把自己最心愛的頭髮剪下獻給女神。不久，國王凱旋歸來，王后毫不猶豫地剪下自己的秀髮，供奉給女神。

　　不過，王后的秀髮其實是獅子尾巴上的長毛，因為后髮座這一片天空原本是獅子座的一部分。西元 16 世紀荷蘭地圖學家墨卡託（Gerardus Mercator）認為獅子的尾巴太長太大，就劃分出一片來，成為后髮座。

星空故事 2

問鼎中原

后髮座的星都很黯淡,最亮的星叫周鼎一,只是一顆 4 等星,它旁邊還有兩顆更暗的星 —— 周鼎二、周鼎三,組成三足鼎立之勢,這就是周鼎星官,就在太微垣 —— 天上的朝廷旁邊。

鼎是權力的象徵。傳說大禹接受舜的禪讓,成為華夏部落聯盟的首領,就鑄造了九隻大鼎,當時天下共分為九州,每州一鼎。九鼎集中到夏王朝都城陽城,藉以顯示大禹成了九州之主,從此天下一統。九鼎因而成為「天命」之所在,是王權至高無上的象徵。各方諸侯來朝見時,都要向九鼎頂禮膜拜。

夏朝傳了將近五百年,到夏桀時因為殘暴無道,被商湯討伐滅亡,九鼎就遷於商朝的都城。

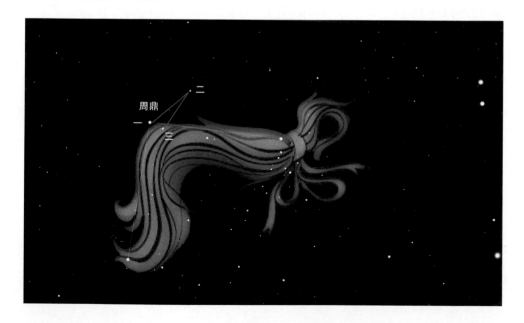

商朝傳了五百年，到了商紂王又極度荒淫無道。西元前 1046 年，周武王率領各方諸侯，消滅殷商，建立周朝，九鼎就遷於周朝的都城鎬京。

西元前 770 年，周平王遷都洛陽，又將九鼎安置在洛陽。

西元前 606 年，楚莊王借伐戎之機，把大軍開到東周首都洛陽南郊，舉行盛大的閱兵儀式，向周王室炫耀武力。周定王派王孫滿前去慰問，楚莊王劈頭就問：「周天子的鼎有多重？」

這問話極其無禮，意思是要染指周的天下。王孫滿答道：「王朝興亡在於仁德，不在乎鼎的大小輕重。」楚莊王又傲慢地說道：「楚國折下戟鉤的鋒刃，就足以鑄成九鼎。」王孫滿義正詞嚴地說道：「周室雖然衰微，但是稟承了天命，天命並沒有發生轉移，九鼎的輕重不能過問。」

楚莊王思量再三，覺得楚國確實沒有君臨天下的實力，於是率軍離開。「問鼎中原」的典故就由此而來。因為鼎的分量和它所代表的權威，人們還用「一言九鼎」來形容說話有分量。

可惜的是，九鼎作為鎮國之寶，傳了夏商周三代約兩千年後，在戰國末年神祕失蹤，成為千古之謎。

▌觀測指南 1

后髮座與銀河

春天晚上，你可以觀看后髮座。后髮座很黯淡，不好辨認，你可以找到北斗七星、明亮的大角星、獅子座的尾巴，后髮座就位於它們中央。

當后髮座升到中天時，你尋找夜空裡的銀河，會發現銀河很低，接近地平線。如果后髮座正在你頭頂，那麼銀河幾乎就在地平線上，形成一個環帶。

這就是春天晚上很難看到銀河的原因。而在夏天和冬天晚上，銀河高掛的時候，你又很難看到后髮座了。

▍天文小知識 1

北銀極

后髮座所在的方向，就是垂直銀盤的方向。

我們所在的銀河系的主體是一個扁平的盤狀體，叫做銀盤。從銀盤中心做一條垂直盤面的線就是銀河系旋轉的軸心，這個軸的北端正好指向后髮座，也就是說，北銀極就在后髮座內。你要把后髮座和它裡面的恆星區分開來，后髮座的恆星當然是近的，但后髮座的空間深度卻是無限的。

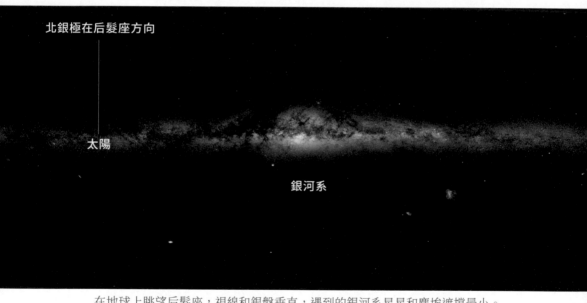

在地球上眺望后髮座，視線和銀盤垂直，遇到的銀河系星星和塵埃遮擋最小。

天體鑑賞 1

黑眼星系 M64

　　黑眼星系 M64，即 NGC 4826，也稱為睡美人星系、魔眼星系，因有一條引人入勝的壯觀黑暗塵帶橫亙在明亮的星系核心之前而得名，距離地球大約 1,700 萬光年。下圖由哈伯太空望遠鏡於 2001 年拍攝，2004 年發布。

圖片來自 NASA/ESO

天體鑑賞 2

老鼠星系

在距離地球 3 億光年的后髮座深處，有兩個正在碰撞中的星系 —— NGC 4676，因為有著長長的尾巴，所以稱為老鼠星系。這兩個螺旋星系可能已經穿過對方，它們應該會不停地互撞，直至完全聚合在一起。

圖片來自 NASA/ESO

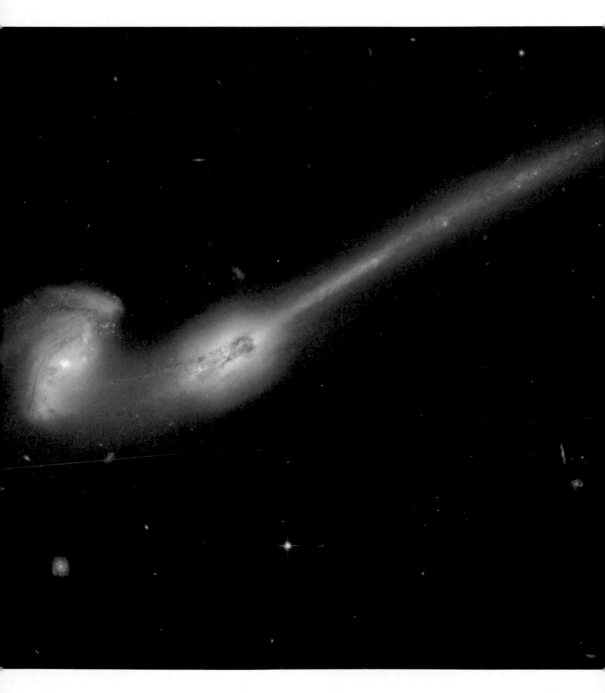

天體鑑賞 3

蒼白星系

　　NGC 4921 位於距地球 3 億光
年的后髮座深處，是后髮星系團的
成員之一，它那蒼白的面容就像貧
血一樣，事實也確實如此。由於該
星系幾乎不誕生新恆星，缺少新鮮
的「血液供應」，因此星系的亮度很
低，呈現出可怕的半透明狀態。

長蛇

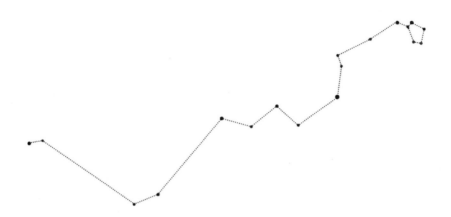

▎星空故事 1

九頭蛇怪

　　獅子的南面，是一條長長的蛇，這就是長蛇星座，它是全天 88 個星座中最長、面積最大的星座。

　　在古希臘神話中，長蛇是一條凶猛可怕的大水蛇，牠長了九個頭，以野獸和人為食物，危害極大。

　　大力士海克力斯奉赫拉之命前去消滅這條大水蛇。海克力斯和他的朋友伊奧勞斯（Iolaus）找到大蛇出沒的地方，用箭將牠從隱藏的地方趕出來。海克力斯掄起大棒，一下擊碎蛇怪九個頭中最大的一個。

　　就在海克力斯要歡呼勝利之時，奇怪的事情發生了，蛇怪失去腦袋的脖子裡「唰」地長出兩顆新的腦袋！

　　海克力斯只好不停地敲碎蛇怪的頭，可是，每敲碎一個蛇頭，就會長出兩個蛇頭，蛇怪的頭越來越多，蛇怪也越來越凶猛。

　　海克力斯在激戰中發現，蛇怪有一個頭最厲害，就像指揮官，於是他抓住機會，快速砍下那顆蛇頭，用一塊巨石壓住，終於消滅了大蛇怪。

　　春夜星空的這三個星座 —— 長蛇、獅子和巨蟹，都是在紀念大力士海克力斯的功績。

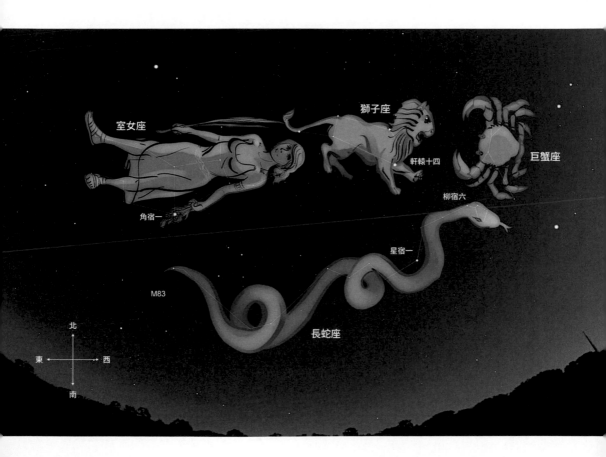

星空故事 2

昔我往矣，楊柳依依

長蛇的頭部對應著二十八宿的柳宿，一共有八顆星，最亮的星為柳宿六，八顆星組成的形狀很像一個尖尖的蛇頭。

仔細觀察柳宿，還會覺得它又像一片柳葉，柳宿六就在葉柄上。

《詩經·采薇》裡有一句非常美的詩：

昔我往矣，楊柳依依。

今我來思，雨雪霏霏。

周代的士兵經歷戰爭後回家，感觸最深的就是出發時路旁隨風搖擺的楊柳。親友臨別之時，風吹楊柳枝，就像要把即將遠行的人牽回一樣，柳也成為古典文學中代表離愁別緒的重要意象。於是，古人就把心中的柳用以命名天上的星宿，這就是柳宿。

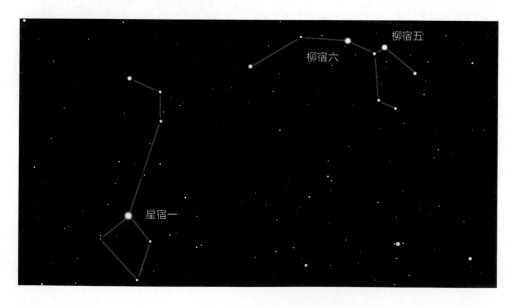

星空故事 3

犁頭星斷案

長蛇的心臟部位，有一顆橘紅色的 2 等星，由於它周圍很遠都沒有什麼亮星，這顆星顯得孤獨而醒目，它叫星宿一。

星宿是二十八宿之一，共有七顆星，星宿一的北邊和南邊各有三顆星，所以星宿也稱為「七星」，人們把它想像成一隻犁頭，稱為犁頭星。

從前，在少數民族彝族的山寨裡，有一個單身青年，父母雙亡，到處流浪。一天，他路過一戶人家，這家房門前有一個羊圈，靠近路邊。青年看羊可愛，就逗羊取樂，這家人看見青年逗羊也不以為意。

不料第二天清早，主人發現羊圈中一隻最肥的母羊不見了，他很快便想到那個逗羊的青年，會不會是他偷走了母羊？於是就把青年抓住，去見畢摩。畢摩就是彝族的祭司，也是占星家，專斷民間疑難雜案。

青年被押上祭星的高臺，當犁頭星 —— 星宿七星升起後，畢摩恭敬地向犁頭星祈禱一番，然後從熊熊火堆中夾出一個燒得通紅的鐵犁頭，對青年說：「請你看著犁頭星，用手提著燒紅的鐵犁頭，按犁頭星的形狀走七步，如果你沒有偷羊，犁頭星會保護你不被燙傷的，這就證明你是清白的。」

這種斷案方法實在是沒有什麼道理，而且野蠻恐怖，不料那青年毫不猶豫，彎腰就去提那紅熱的犁頭。就在青年的手快要觸到鐵犁頭的一剎那，畢摩喊道：「停！年輕人，犁頭星已經證明了你的清白，因為你有勇氣去提鐵犁頭，羊不是你偷的。」案子就這樣了結了。

觀測指南 1

找出完整的長蛇座

長蛇座是 88 星座中最大的，蜿蜒在四分之一的天空，你能在星空裡找出完整的長蛇座嗎？看一看蛇頭 —— 柳宿，是不是很抽象？

觀測指南 2

孤獨者星宿一

蛇的心臟 —— 星宿一不算太亮，是一顆 2 等星，在全天恆星中排名第 45 位，周圍沒有亮星，只有它孤零零地發著冷寂的紅光，古代阿拉伯人稱星宿一為孤獨者。

星宿一距離地球 175 光年，這顆恆星已經演化到晚期，膨脹成為一顆巨星。直徑約 7,000 萬公里，體積是太陽的 12 萬倍，總輻射能量約為太陽的 1,000 倍。

天體鑑賞 1

千顆紅寶石 —— M83 星系

在長蛇的尾巴南邊，有一個叫 M83 的星系，距離我們約 1,500 萬光年，是一個典型的螺旋星系，也被稱為南風車星系 —— 還記得大熊尾巴的大風車星系 M101 嗎？M83 是著名的星爆星系，懸臂上有大量的恆星誕生區，新生恆星用它們熾熱的光芒照亮了旋臂內孕育它們的氣體星雲，形成一團團明亮的紅斑，就像鑲嵌了無數紅寶石，天文學家們又稱 M83 為千顆紅寶石星系。（圖見下面）

M83 星系 圖片來自 NASA/ESO

烏鴉和巨爵

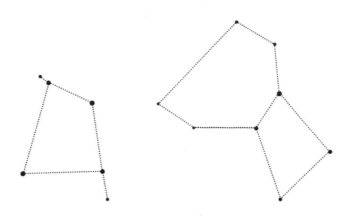

巨爵座

烏鴉座

軫宿四

北

東

南

▌星空故事 1

愛搬弄是非的烏鴉

在長蛇的尾部，由四顆 3 等星組成一個近似梯形的四邊形，雖不太亮，卻很容易辨認，這就是軫宿四星。

軫宿在古代星象家眼裡，代表的是一輛戰車，但在西方人眼裡，它是一隻展翅飛翔的小鳥，一隻烏鴉。

這隻烏鴉本是太陽神阿波羅的寵物，長著一身金色的羽毛，又會說乖巧的話語，十分美麗可愛。阿波羅有一個愛妻叫科洛尼斯（Phlegyas），為他生了一個兒子叫阿斯克勒庇俄斯（Asclepius）。後來阿波羅漸漸不太信任科洛尼斯，就派了金色小鳥去科洛尼斯身邊作間諜。金鳥回來撒謊說，妻子背叛了他。阿波羅十分生氣，用箭射死了妻子。

可是後來發現，妻子並沒有背叛他，那是金鳥的謊言。知道真相後，阿波羅傷心欲絕，對金鳥十分憤怒，就把牠漂亮的金色羽毛變成了黑色，並且讓牠不會說話，只能發出難聽的「丫丫」聲。

▌星空故事 2

坐等無花果成熟

烏鴉的西邊，是巨爵座，那是一隻大銀盃，也是阿波羅的。有一天阿波羅拿出一個大銀盃讓自己的金鳥去河邊舀一杯淨水以獻給宙斯。可金鳥在溪邊無意間發現一棵無花果樹上的果子相當誘人，由於還不太熟，於是金鳥便坐下來耐心等待，一直等到無花果成熟。

為了解釋自己的耽擱，金鳥從水中抓出一條水蛇，對阿波羅撒謊說在水邊遭到這條水蛇的攻擊才耽誤了時間。後來阿波羅把銀盃放在了烏鴉的旁邊，作為牠愛說謊話的證據。

觀測指南 1

延伸春季大弧線

從北斗七星的斗柄,到大角星、角宿一的大弧線,繼續向南方延伸,就是烏鴉四邊形的軫宿四,由此可以確定長蛇的尾部。

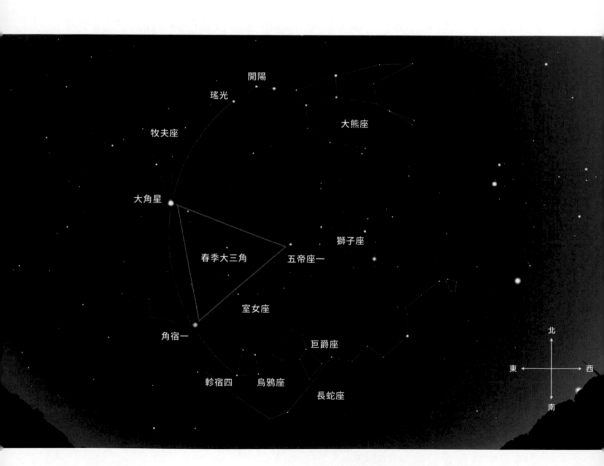

天體鑑賞 1

天線星系

　　在烏鴉座裡，有兩個碰撞的星系糾纏在一起，這兩個星系分別為 NGC 4038 和 NGC 4039，因有兩個長長的觸鬚，又稱為觸鬚星系，或者天線星系。天文學家推測，大約 9 億年前，這兩個星系開始接觸；6 億年前，兩個星系交錯而過；3 億年前，兩個星系的恆星被相互牽扯出來，形成了觸鬚。最終，這兩個星系將會合併成為一個巨大的橢圓星系。

天線星系 NGC 4038 和 NGC 4039：Star Shadows Remote Observatory and PROMPT/CTIO

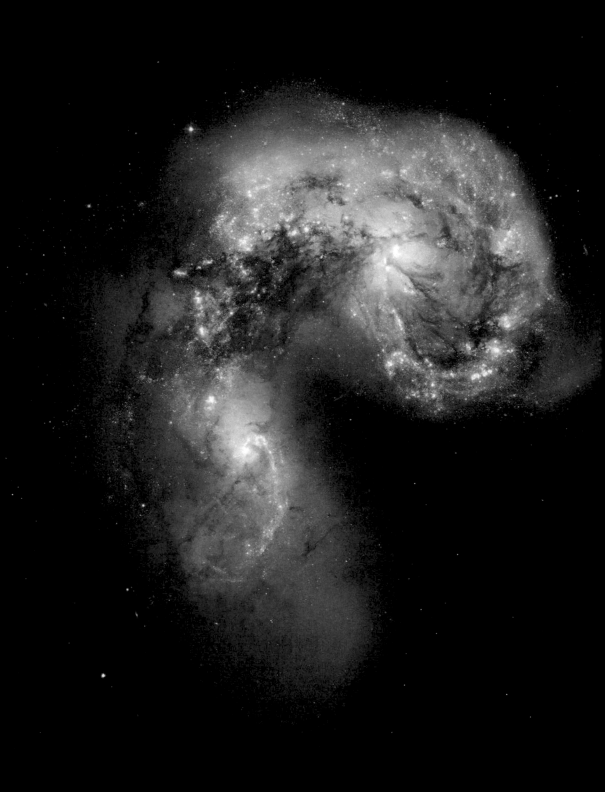

天線星系 NGC 4038 和 NGC 4039 的主體 圖片來自 NASA/ESO

紅色的雀鳥

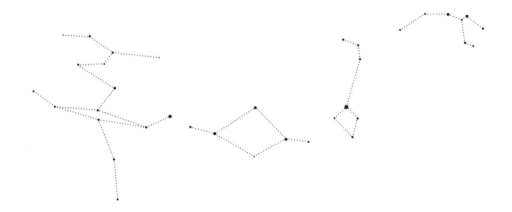

▌星空故事 1

童謠中的神祕星象

長蛇座的一長串星星，大致對應著古代星空四大神獸之一的南方朱雀。

朱雀這隻鳥後來被人們描繪成一隻飛翔的鳳凰，但最初牠只是一個鶉鶉而已。代表長蛇頭部的柳宿八星被看作鳥嘴，星宿七星被看作鳥的脖子，星宿東面的張宿四星，呈四邊形，四邊形的對角外各有一星，組成梭子形狀，它被看作鳥的嗉子，即鳥胃。這三宿合起來又被稱為「鶉（ㄔㄨㄣˊ）火」，即鶉鶉鳥的身體。

關於「鶉火」，有這樣一個真實的歷史故事。

春秋時期有一個強大的諸侯國叫晉國，晉國南面有兩個小諸侯國 ——

虞國和虢（ㄍㄨㄛˊ）國，虞國在晉國和虢國中間。晉獻公很想把這兩個小國吞併了，於是就在西元前 655 年向虞國提出，從虞國借道去攻打虢國。晉獻公怕虞國不同意，就把自己最心愛的兩個寶貝 —— 一塊稀世美玉和一匹寶馬送給了虞公。虞公接受了寶貝，打算同意晉國借道。

虞國有一位大臣叫宮之奇，頗有遠見，勸阻虞公說：「虢國是虞國的外圍，兩國關係就像嘴唇和牙齒一樣，你想想，如果沒有了嘴唇，牙齒不就露在外面感受寒冷了嗎？」這就是成語「唇亡齒寒」的來歷。

虞公在晉獻公的美玉寶馬賄賂下，失去了判斷力，答應了晉國軍隊借道的要求。宮之奇感到虞國滅國在際，就帶領自己的族人避禍而去。

晉國的軍隊從虞國經過，去攻打虢國，八月分，晉軍包圍了虢國的上陽。就在這時，民間有童謠響起：

「丙日過，星星落，日龍尾，月天策，鶉火挑日月，虢公奔河洛。」

晉獻公想知道這首童謠是什麼意思，就找來一個占卜人。占卜人回答說：「丙日這天，星星落下去的時候，太陽在東方蒼龍的尾巴，月亮在天策星官，這時鶉火星，也就是南方朱雀的身子，在月亮和太陽的中間，就像是兩頭分別挑著太陽和月亮一樣，這一天，虢公就會逃跑到洛陽去了。」

看來，上天已經顯示了徵兆，虢國必然要滅亡了。晉獻公大受鼓舞，下令在丙日這一天全面攻打，很快拿下虢國，虢公逃到京都洛陽。

晉軍班師還朝，經過虞國時，乘著虞國沒有任何防備，輕而易舉地把軍隊開進了都城，滅掉了虞國。

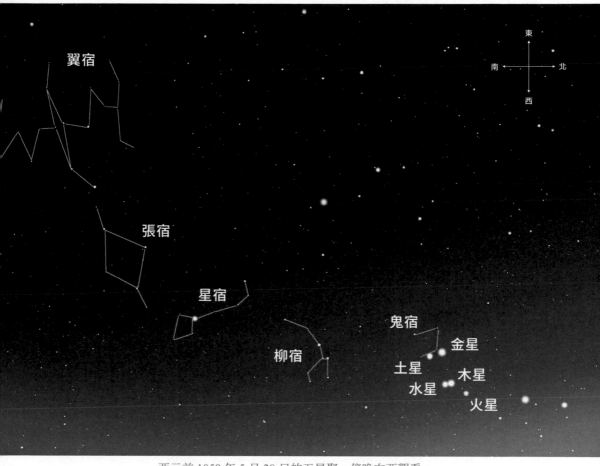

西元前 1059 年 5 月 28 日的五星聚，傍晚向西觀看。

星空故事 2

鳳鳴岐山

西元前 1059 年的 5 月底，傍晚時分，星星閃現，周文王向西望去，在岐山頂上，發現了一隻美麗的鳳凰。《詩經》裡有一首詩就這樣寫道：「鳳凰鳴矣，於彼高崗。」

更為奇特的是，這隻鳳凰的口裡還銜著一塊玉圭，那是王權的象徵。這無疑是一個極大的瑞象，昭示著重大事件的發生。

其實，那隻鳳凰並不是真的站立在岐山之巔，牠實際是翱翔在星空裡的朱雀。那些天傍晚，太陽落下西方地平線不久，星空顯露出來時，朱雀恰好位於西方，頭撲向西北方向的低空，雙翼則高展於西南，遠遠望去，就像要落於岐山頂上。

鳳凰口中銜著的圭玉當然也不是真的圭玉，而是肉眼可見的五顆行星，也就是水星、金星、火星、木星和土星。

原來，西元前 1059 年的 5 月，平常在星空裡四散遊弋的五大行星開始會聚了，會聚的地點就在鬼宿。鬼宿乃至整個朱雀七宿，基本上都是暗弱的星，所以明亮的五行星在這裡會聚顯得非常引人注目。而且這次會聚很不一般，五星越聚越近，到西元前 1059 年 5 月 28 日傍晚，五顆星竟然都集中在 3 度內的區域，這相當於伸直手臂後握緊的拳頭所覆蓋的區域，事實上這是一次幾乎空前絕後的會聚。

緊密會聚的五星，如同一塊珍奇的圭玉從天垂下。五星的上方，那隻美麗的鳳鳥 —— 朱雀正展翼翱翔，俯衝而下，彷彿是把那寶貝圭玉銜在口中。這亙古罕見的天象奇觀，吸引了所有人好奇而驚訝的目光。天垂象，見吉凶，五星會聚要宣示怎樣的天命呢？人們忐忑不安地猜測著。

周文王西望天空，這一幕就出現在岐山之巔。文王彷彿聽到了鳳凰的啼鳴，昭告那五星的圭玉乃是上天頒布給自己的詔書。殷王無道，虐亂天下，天命所歸，捨我其誰？文王心潮澎湃，乃作〈鳳凰歌〉一首，歌曰：

翼翼翔翔，彼鶯皇兮，銜書來遊，以命昌兮，瞻天案圖，殷將亡兮！

於是，西周人承天受命，替天行道，經過艱苦卓絕的準備和鬥爭，終於在西元前 1046 年消滅商紂，建立周朝。

第四部分
夏夜星空

7 月 15 日：22 點；

8 月 15 日：20 點。

恆星每天比前一天提前約四分鐘升起，造成同一位置。

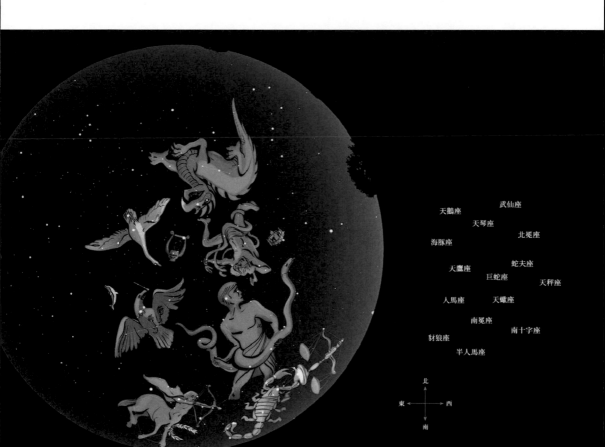

天鵝座　　　　武仙座

　　　　天琴座

海豚座　　　　　北冕座

　　　　　　蛇夫座

天鷹座

　　　巨蛇座　　　天秤座

人馬座　　天蠍座

　　　南冕座

　　　　　　南十字座

豺狼座

半人馬座

北

東 ← → 西

南

牛郎織女

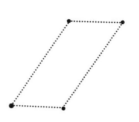

▌星空故事 1

牛郎織女

　　夏夜，大角星偏向西方的天空，明亮的織女星開始閃耀在星空舞臺的中央。在它的南方不遠處，就是大名鼎鼎的牛郎星（河鼓二），它比織女星稍暗了一點。銀河從牛郎星和織女星中間流過，自東北流向西南。

　　夏天夜晚，仰望天上的牛郎織女星，傳講或品味牛郎織女的愛情傳說，成為一代代人心中美好的記憶。

　　傳說牛郎自小父母離世，依靠兄嫂為生。狠心的嫂子把他趕出了家門，只給了他一頭老得可憐的牛。誰知這頭老牛原來是天神下凡，在老牛的指引下，牛郎和天上偷偷下凡的織女結為夫妻，過起了男耕女織的幸福生活，並且生下一對兒女。

　　終於有一天，織女私自下凡的事洩露了，王母娘娘率天兵天將把織女押回天宮。牛郎用扁擔挑起一對兒女，披上老牛臨死時留下的牛皮，騰空而起，追趕織女。牛郎越追越近，眼看就要追上了，王母娘娘拔出頭上的金簪在織女和牛郎之間一劃，頃刻間一條波濤洶湧的大河出現在牛郎面前，這就是天上的銀河。牛郎和織女被大河阻隔，只能遙遙相視，對河哭泣。

　　後來王母娘娘被二人的真情打動，就答應他們在每年七月初七這一天夜裡相聚一次。這天夜裡，無數喜鵲飛上天空，用身體在銀河上搭起一座橋，牛郎和織女在鵲橋上相會，這就是七夕。

銀河

梭子　織女星

扁擔

牛郎星（河鼓二）

星空故事 2

玄宗七夕笑牛郎

七夕也是乞巧節，因為織女是天上織布的高手，她被看成是心靈手巧的化身。在古代，女孩子們會在七月初七這天夜裡，拿瓜果擺在庭院裡以供奉織女，並乞求織女能夠使自己心靈手巧。如果第二天早上看見有蜘蛛在所獻的瓜果上結網，那就是織女答應自己的要求了。

有一年七夕，唐玄宗李隆基和他寵愛的妃子楊玉環在華清池共進晚餐。唐玄宗命人把瓜果擺在院子裡，又讓人拿來蜘蛛在上面結網。李隆基望著頭頂上的牛郎織女星，又看看身邊美麗的佳人楊玉環，牛郎織女有河漢相隔，而自己和愛妃卻能夠朝夕相守，不禁感慨萬千，自覺比牛郎得意多了。

然而世事難測，不久安祿山起兵叛亂，唐玄宗攜楊貴妃倉皇向四川奔逃，只逃了一百多里，到了馬嵬坡，士兵譁變。因為這場戰亂的爆發和唐玄宗寵愛楊貴妃有很大關係，士兵們強烈要求處死楊貴妃，否則就不再繼續護駕前行。

唐玄宗萬般無奈，只得同意。楊貴妃在不遠處被處死，頭上名貴的飾品散落一地，唐玄宗低頭掩面，禁不住血淚悲流。此情此景，令人何等傷感！李商隱〈馬嵬二首〉之一中寫道：

此日六軍同駐馬，當時七夕笑牽牛。

如何四紀為天子，不及盧家有莫愁？

觀測指南 1

織女的梭子和牛郎的扁擔

在織女星向著牛郎星的一邊，有四顆星組成一個菱形，它們被看作織女織布時用的梭子。

牛郎星的旁邊，有兩顆較暗的星 —— 河鼓一和河鼓三，它們與牛郎星排成一線，指向織女星。這兩顆較暗的星，就是神話傳說中牛郎用扁擔挑著的兩個孩子，這三顆星合在一起又稱為「扁擔星」。

天文小知識 1

牛郎織女會相見嗎？

牛郎和織女的神話傳說給人們浪漫的期待，然而偉大的現實主義詩人杜甫卻給人們潑冷水，他在〈牽牛織女〉一詩中這樣寫道：

牽牛出河西，織女處河東。

萬古永相望，七夕誰見同？

杜甫是冷靜的，正確的。在古人眼裡如精靈般的小星點，其實是遙遠而無比巨大的大火球。

織女星距離地球 25 光年，體積是太陽的 20 倍，光度相當於 40 個太陽。

牛郎星距離地球 17 光年，體積約是太陽的 5 倍，光度相當於 10 個太陽。

織女星與牛郎星之間相距 16 光年。假如牛郎透過無線電通訊發出一聲問候，它以每秒 30 萬公里的速度傳向織女，織女要等到 16 年之後才能聽到。而當織女回應的聲音傳來，已經是 32 年之後。僅僅是一次對話，牛郎就已由一個朝氣蓬勃的青年，成為一個白髮蒼蒼的老人了。

　　如果牛郎乘坐一艘每秒飛行 30 公里的太空船到織女那裡，需要飛 16 萬年時間！

　　仰望織女星和牛郎星，想想它們之間 16 光年的距離，體會一下這距離究竟有多遠，古人仰望牛郎織女星時的心情，思考神話傳說與真實世界的反差。

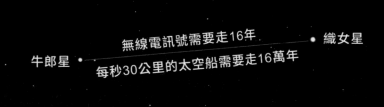

銀河

▋星空故事 1

乘筏遊銀河

　　銀河從牛郎星和織女星中間流過，生活在現代城市的人對銀河比較陌生，因為燈光掩映了銀河的光芒，但古代人對銀河非常熟悉，因為它是星空裡一條非常醒目的光帶。

　　古代人常常想，這條光帶是什麼呢？想來想去，覺得應該是天上的一條河流，這條天河與地上的河流相通，如果從地上的河流乘船，就可以到達天河。唐朝劉禹錫的〈浪淘沙〉就寫道：

> 九曲黃河萬里沙，浪淘風簸自天涯。
>
> 如今直上銀河去，同到牽牛織女家。

　　有這樣一個故事，故事的主角就是坐船到了銀河。

　　漢代的張騫曾多次出使西域。有一次他去往西域的大夏時，做了一個大筏，沿黃河逆流而上，希望找到黃河的源頭。可是走了幾個月，不但沒找到源頭，反而發現黃河越來越寬，越來越清澈，後來竟然水天相接，天水一片，到處是星光，如同仙境。

　　忽然前面出現了一處城郭，亭臺樓榭，錯落有致，河水從城中流過。張騫好奇地划進去，見河岸有一男子牽一頭牛，牛正把頭探入河中飲水。河對岸有一位婦女在洗衣服，張騫把筏划近那婦女，問道：「大嫂，請問

這是什麼地方？」那婦女回答說：「這是天河呀！你是從人間來的嗎？」張騫暗自吃驚，他見那婦女身後有一塊石頭，形狀和顏色都是人間沒有見過的，就問：「這是什麼石頭？」那婦女說：「這叫支機石，你喜歡，就送你好了。」張騫接過石頭一看，原來是織布機上壓布匹的石條，心中暗驚，問道：「妳是織女？」那婦女點點頭。

張騫在城中遊歷了一圈之後，就沿黃河水順流而下，返回家鄉。這塊支機石後來留在了中國成都，成都有一條街就叫「支機石街」。

李商隱的〈海客〉一詩就源自這個故事：

海客乘槎（ㄔㄚˊ）上紫氛，星娥罷織一相聞。

只應不憚牽牛妒，聊用支機石贈君。

星空故事 2

客星犯牽牛

晉人張華在《博物誌》雜說中，記載了這樣一個故事。

有個人居住在海濱之地，每年八月，都看到有人乘筏往返，來去都有一定的時間，從來不失誤。

這人見到這種情景，便想出一個大膽的計畫。他找來一艘船筏，在上面蓋了個小屋，裡面裝了充足的糧食，就乘著這個船筏浮海而去。

前十幾天裡，他還可以看到晝夜的變化，日月星辰的出沒。又過了十多天，他就只能見到天地之間一片茫茫，不再有晝夜變化了。

繼續向前去，忽然前面出現了一處地面，有城市和房屋，就像華麗的宮殿，甚為壯觀。遙遙望去，宮廷之中有許多織女在織布。

　　那人正在觀望之時，來了一名男子，牽一頭牛，去河邊飲水。牽牛人見到乘筏人，驚奇地問道：「你為何到此？」乘筏人說明來意，並問牽牛人這是什麼地方。牽牛人回答說：「你回到蜀郡以後，去問問嚴君平就知道了。」

　　乘筏人不再上岸，也不敢向前行進，於是乘著筏返回。到了蜀地，就去找嚴君平，嚴君平是一個星象占卜大師，占卜了一番說道：

　　「某年某月某日，有客星犯牽牛。」

　　乘筏人計算日期，那一天正好是他到達天河和牽牛人相見之時。

▌天文小知識 1

銀河是什麼

　　銀河這條淺淺的光帶究竟是什麼？亞里斯多德認為，銀河是純粹的大氣現象，是地球發出的水蒸氣聚集在天空形成的，可能有某種機制，導致水蒸氣總是往銀河那一帶聚集而不消散。他不承認銀河是天上之物，因為他堅信天是完美無缺的，而銀河的邊緣參差不齊，顯得不美。

　　另有一些哲學家的看法和亞里斯多德正好相反，他們認為銀河很可能是天空兩個半球的結合帶。恆星天球是包圍大地的完整的球，銀河光帶將它平分為兩部分，很可能造物主在造恆星天球時，是用兩個半球拼接成的，拼接部位不太整齊，留下了粗糙的痕跡，就形成了銀河。

　　古希臘有一個叫德謨克利特（Democritus）的哲學家則認為，銀河是由無數恆星構成，由於它們都太暗弱，人們無法把它們一一區分開來，於是就形成了一條光帶。

　　西元 1610 年，伽利略用望遠鏡首次觀測銀河，證實了德謨克利特的觀點。

天文小知識 2

銀河為什麼是一條帶狀

西元 18 世紀，德國哲學家康德（Immanuel Kant）最早解釋了帶狀銀河原理。

康德意識到，銀河這條完整的光帶昭示出銀河系的結構 —— 由恆星組成的扁平盤狀體。我們身處在這個盤中，看向銀河方向時，視線和銀盤是平行的，銀盤裡有密集的恆星，就形成了銀河光帶；看向其他方向時，視線不與銀盤平行，看到的恆星數量就少得多，就是銀河外的星空了。

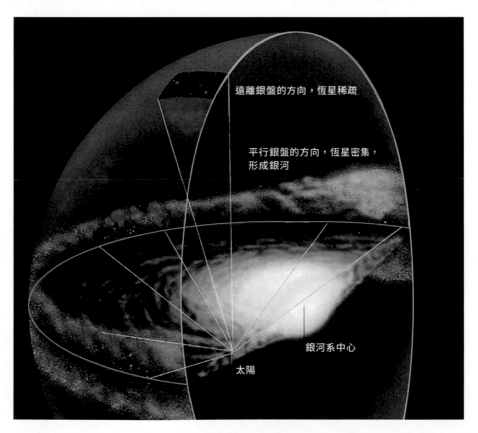

遠離銀盤的方向，恆星稀疏

平行銀盤的方向，恆星密集，形成銀河

銀河系中心

太陽

天琴與天鷹

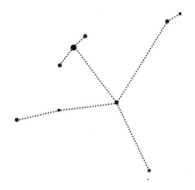

▌星空故事 1

冥府回頭，永失愛妻

　　織女星和她的梭子，大致對應著西方的天琴星座。這是一把精巧而神奇的七弦金琴，它發出的聲音，能使天上的神和地上的人聞而陶醉，忘卻一切苦惱與憂傷，消除一切呻吟與嘆息。即使森林中最凶惡的猛獸，聽到這琴音，也彷彿中了魔法一般，變得溫和柔順，甚至草木和石頭也會被感動得點頭微笑。

　　不過，要使這把七弦琴發出如此美妙的聲音，必須由它的主人來彈奏才行，它的主人是誰呢？這把金琴本來是太陽神兼音樂之神阿波羅的，後來阿波羅把它送給了他與文藝女神卡利奧佩（Calliope）所生的兒子──天才琴手奧菲斯（Orpheus）。

　　一天，奧菲斯在林間彈琴唱歌，美妙的歌聲打動了仙女尤麗狄絲（Eurydice），奧菲斯也被尤麗狄絲的美貌吸引，兩人結為夫妻，生活非常幸福。不幸的是，有一天尤麗狄絲被毒蛇咬傷，突然死去。奧菲斯異常悲痛，決心到地府去救回妻子。他一路彈著琴唱著歌，歌聲打動了冥河邊的擺渡人卡戎（Charon），渡他過了河；歌聲使守衛冥界大門的三頭狗安靜地蜷伏下來；連復仇女神們聽到他的歌聲也流下了眼淚。奧菲斯的至誠之心感動了冥王，答應讓他把妻子領回去，但有一個條件：在他領妻子走出地府之前，不能回頭。

　　奧菲斯帶著妻子踏上了重返人世間的旅途，就在接近冥界出口處，奧菲斯竟然忘記了冥王的要求，忍不住回頭看了他的妻子一眼，一瞬間，妻子永遠地消失了。

　　奧菲斯異常悲憤，他把七弦琴遠遠扔了出去，七弦琴一直升到天上，成為天琴座。

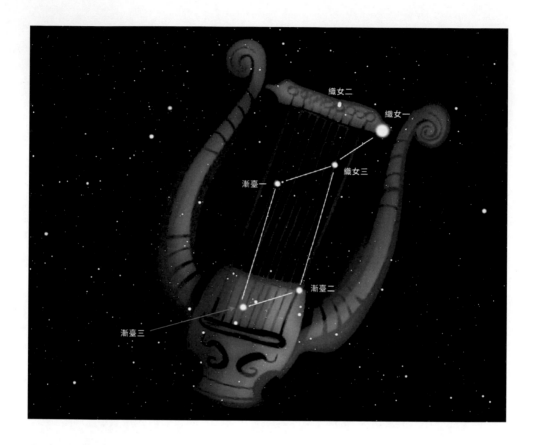

天體鑑賞 1

環狀星雲 M57

　　天琴座織女星附近，有一個編號為 M57 的環狀星雲，那是一顆死亡恆星丟擲外圍氣體形成的氣態外殼，星雲中央可以看到一個微小的星點，那是死亡恆星留下的殘骸 —— 一顆白矮星。環狀星雲的大小約 1 光年，距離地球約 2,000 光年。M57 用小型望遠鏡即可觀測到，右圖為哈伯太空望遠鏡拍攝。

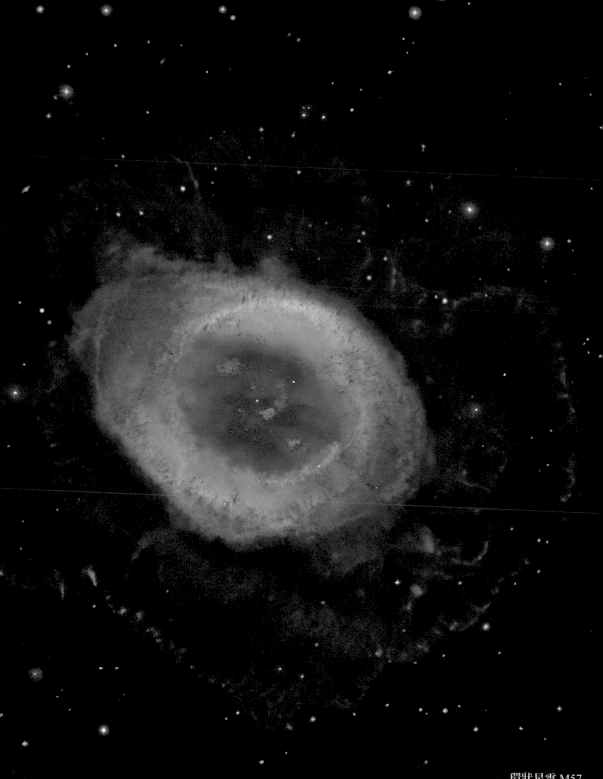

環狀星雲 M57
M57：Composite Image Data-Subaru Telescope（NAOJ），Hubble Legacy Archive

星空故事 2

盜火者的刑罰

奧菲斯的七弦琴在天上也吸引了一群飛鳥和走獸。在北方的天龍探過頭來安靜地望著金琴；東方則飛來一隻展翅高飛的天鵝，東南方跑來了一隻小狐狸，南方則飛來一隻凶猛的大鷹，牛郎星就是天鷹座的主星。

這隻大鷹是從高加索山上飛來的，那裡剛剛發生過一段悲壯的故事。

傳說人類剛誕生之時，沒有火，生活非常艱難。普羅米修斯（Prometheus）從天上盜取火種，交給人類。宙斯為了懲罰普羅米修斯，把他鎖在高加索山頂的峭壁上，每天有一隻大鷹飛到峭壁上，啄食普羅米修斯的肝臟。這隻鷹白天吃掉肝臟，到了夜晚肝臟又恢復原狀，第二天這隻大鷹又飛來啄食，就這樣過去了三萬年。

有一天，大力士海克力斯經過高加索山腳下，看到了普羅米修斯的悲慘遭遇，決心解救他。他取出弓箭，射落了大鷹，解救了普羅米修斯。天上的這隻大鷹，就是對這一事件的紀念。

在天鷹的頭部，有一支飛馳的利箭，它就是海克力斯用來射殺天鷹的那隻神箭。

觀測指南 1

天桴四

與民間浪漫的想像不同，在古代天文學家們的眼裡，牛郎星不再是溫情默默的牛郎，而是和戰場連繫在一起。原來銀河東岸的這一片星空是一個軍事基地，牛郎三星 —— 河鼓一、河鼓二、河鼓三是這個軍事基地的三面戰鼓。

　　天鷹靠南的那個翅膀，有天桴星，桴就是敲鼓的鼓槌，其中的天桴四是一顆黃白色的超巨星，光度約是太陽的 3,000 倍，體積約是太陽的 20 萬倍，距離地球約 1,200 光年。

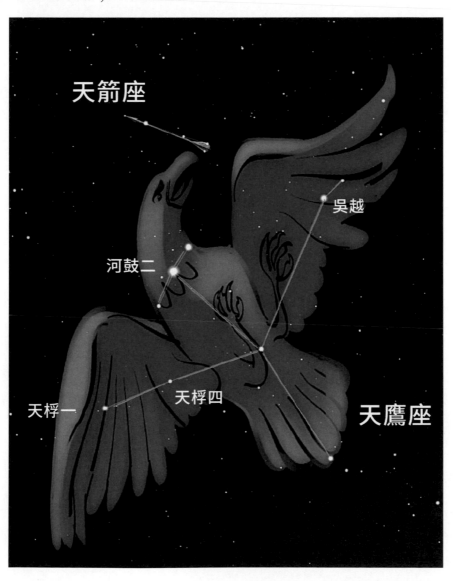

海豚

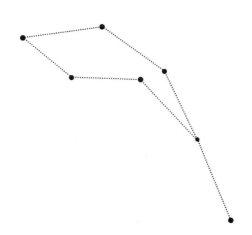

▌星空故事 1

循著琴聲去救人

　　天鷹東邊不遠處，有一個很小的星座 —— 海豚座。這個星座雖小，卻很具體，由四顆小星組成一個小菱形，這是海豚的頭，在小菱形下面還有一顆小星，那是海豚的尾巴。這隻小小的海豚，正努力地騰躍而上，看起來心情相當不錯。

　　一天，小海豚正在海中遊玩，忽然聽到一陣奇妙的音樂聲，這音樂悠揚而悽美，一下子吸引了小海豚。不過，正當牠側耳傾聽時，音樂聲又很快消失了。小海豚很奇怪，循聲游去，發現一個人懷抱豎琴，沉落水中，豎琴還在發出絲絲悲傷的餘韻。琴音餘韻深深地感動了小海豚，牠游向落水之人，把他背到自己的背上，向岸邊游去。

沉落大海的人叫阿里翁（Arion），是一個大音樂家，住在愛琴海邊的哥林多，是這個國家最有名的琴師，深受國王的喜愛。一次，西西里島上舉行一場盛大的音樂比賽，阿里翁辭別國王，前去參賽，獲得了最高榮譽，得到了很多財寶。在回程的船上，水手們看到阿里翁的財寶，就起了歹心，他們奪了他的財寶，又逼他跳進海裡。

阿里翁鎮定地彈起豎琴，引吭高歌，歌畢一曲，便縱身一躍，跳入大海。沒想到他的琴聲吸引並感動了小海豚，使自己得救。

海豚背著阿里翁一直游到岸邊。阿里翁在海灘上休息了一會兒，向城市走去，他吃驚地發現，海豚帶他到的地方正是哥林多！

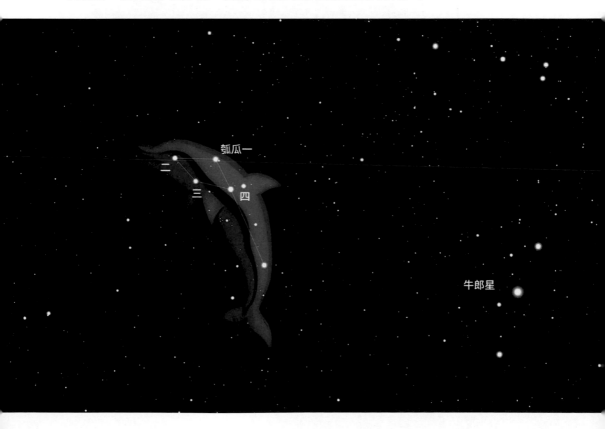

星空故事 2

織女的梭子

海豚頭部四顆星 —— 瓠瓜一、瓠瓜二、瓠瓜三、瓠瓜四，構成了一個小小的菱形，這個小菱形與織女的梭子很相似。

傳說牛郎挑著兩個孩子追趕織女，眼看就要追上了，王母娘娘拔下頭上的簪子，在兩個人中間一劃，一道波濤洶湧的大河出現在他們兩個中間，把二人遠遠隔開。牛郎絕望呼叫，織女拿出珍藏的梭子擲向牛郎，以作紀念。這個梭子穿過銀河，就定格在牛郎星旁邊。

天鵝

▊ 星空故事 1

天上的渡口

　　對於不熟悉星空的人來說，天津四這個名字顯得怪怪的，但很快你就會熟悉它。天津四不是天津市，但它和天津市的含義相似。津是渡口，天津市是靠近天京 —— 北京的一個港口。天上的銀河也有渡口，這個渡口也叫天津。組成天河渡口的一共有九顆星，形似一艘船，天津四就是渡口的第四顆星。在某些版本的神話傳說裡，牛郎和織女每年七夕相會，喜鵲搭成的橋就是天津。

▊ 星空故事 2

忠誠的兄弟

　　在現代星座體系裡，天津四屬於天鵝座，天鵝很好辨認，幾顆星組成一個漂亮大十字架，歐洲人把它稱為北十字架，它與南天的十字架 —— 南

十字座遙遙相對。這個大十字架像一隻展翅高飛的天鵝，天津四正好在天鵝尾巴上，一顆叫輦道增七的 3 等星是天鵝遠遠伸出的頭。

傳說太陽神兒子法厄同（Phaeton）有一個非常要好的朋友西格納斯（Cygnus），他們整天在一起玩耍，形影不離。一天，法厄同見到父親阿波羅，執意要駕馭太陽車，結果拉車的馬匹受驚，太陽車失控，宙斯用雷擊向太陽車，法厄同被擊死墜落江中。西格納斯十分悲痛，終日徘徊在江邊，找尋法厄同散落的遺體。宙斯被他的誠摯友情感動，將他變成一隻天鵝，讓他在江面上來回飛翔，收找法厄同的殘肢。後來又將他提升到天界，成為終日飛翔在銀河上的美麗天鵝。

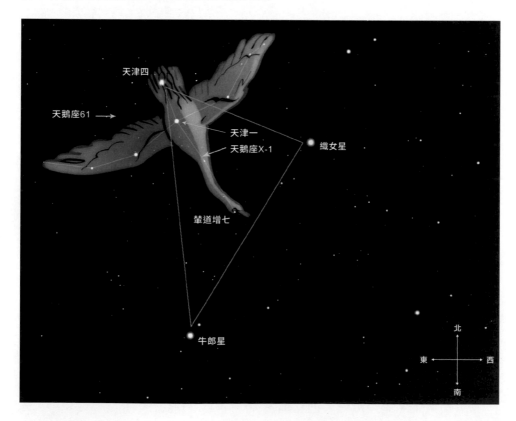

▎觀測指南 1

夏季大三角

　　夏夜，你仰望星空，會看到星空裡有一個很大的三角形，其中的兩顆，是你熟悉的織女星和牛郎星，它們東邊的那顆亮星就是天津四。這個大三角形稱為夏季大三角，它是觀星的一個重要標誌。

▎觀測指南 2

鵝頭星

　　天鵝頭部的恆星叫輦道增七，用一臺雙筒望遠鏡即可分出是一對美麗的雙星，兩星顏色對比明顯，分別是橘色和藍綠色，距離地球 380 光年。

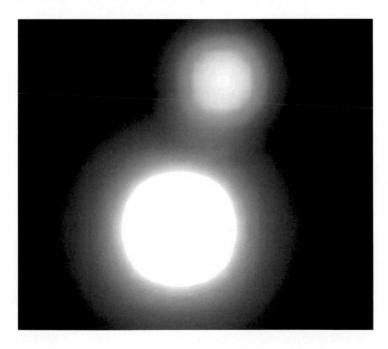

▌觀測指南 3

遙望天津四

牛郎星、織女星、天津四雖然看起來都很明亮，但牛郎星與織女星是近鄰，牛郎星距地球 17 光年，織女星距地球 25 光年。天津四則不同，它在牛郎星與織女星的大後方。

根據依巴谷（Hipparcos）衛星測量的數據，天津四與地球的距離是 3,200 光年。這意味著，它幾乎是地球夜空裡最遙遠的一顆亮星。按此距離計算，天津四的真實亮度相當於 25 萬個太陽，體積是太陽的 1,000 萬倍。

如此巨大而明亮的天體，卻只是裝點地球夜空的一個星點，宇宙的浩瀚與偉大是多麼不可思議！

仰望天津四，它把我們的思緒帶回到遙遠的古代。進入我們瞳孔的天津四光芒，是它在 3,200 年前的商朝發出的。3,200 年前，這些光子離開天津四，開始以每秒 30 萬公里的速度向地球飛奔，在地球上經歷了眾多的朝代更替和滄海桑田的變化後，才進入我們的眼中。

▌天文小知識 1

最早測出距離的恆星 —— 天鵝座 61

西元 1838 年，德國的貝塞爾（Friedrich Bessel）測量出了天鵝座 61 的距離，這是第一顆測量出距離的恆星。

怎麼測量恆星的距離呢？天文學家利用視差法：從恆星向地球軌道兩端連兩條線，形成一個夾角，夾角越小，恆星就越遠。

地球軌道直徑 3 億公里，怎樣從兩端向恆星連線呢？

貝塞爾是這麼做的：他先在軌道一端作一條連線 —— 標注下天鵝座 61

在天球的位置，然後乘著地球，花了半年時間跑到地球軌道另一端，再作另一條連線 —— 標注下天鵝座 61 在天球上的位置，這兩個位置有一點點移動，這就是夾角，叫視差。這個角度很小，相當於從 10 公里外看一枚硬幣張開的角度。

　　貝塞爾由此估算天鵝座 61 與地球的距離大約為 10.4 光年，這個數值與實際距離 11.4 光年非常接近。

天文小知識 2

黑洞賭約

天鵝的脖子裡，有一個能輻射強大 X 射線的天體，叫天鵝座 X-1，它是第一個被懷疑為黑洞的天體，霍金（Stephen Hawking）和重力波的發現者基普·索恩（Kip Thorne）專門為它打過賭。

用光學望遠鏡對天鵝座 X-1 觀測，發現這個地方有一顆亮度為 9 等的恆星，質量在 25 倍至 40 倍太陽質量之間，這是一顆非常明亮的藍色超巨星。

天鵝座 X-1 的射線是由藍色超巨星發射出來的嗎？不是，它的表面溫度只有幾萬度，不可能發出這麼強大的 X 射線。藍色超巨星有一顆看不見的伴星，X 射線由它而出。天文學家們能夠判斷出來，X 射線發射區範圍很小，而且伴星一秒鐘就可以旋轉一千圈，這樣的星體不是中子星就是黑洞。

還有另一個指標：不可見伴星的質量很大，可能超過 10 倍的太陽，這質量超過了中子星的質量上限，它有非常大的可能是黑洞。

1974 年，史蒂芬·霍金和基普·索恩打了一次賭。霍金賭那個伴星不是黑洞，索恩賭它是。賭約寫道：「鑑於史蒂芬·霍金對廣義相對論和黑洞素有研究但求保險，基普·索恩好冒險，故以打賭定勝負。霍金以 1 年《閣樓》雜誌對索恩 4 年《私家偵探》（Private Eye），賭天鵝座 X-1 不含質量大於錢德拉塞卡極限（Chandrasekhar Limit）的黑洞。」

1990 年 6 月，霍金訪問加州理工學院。演講結束後，他帶著家屬、護士和朋友闖進基普·索恩的辦公室，命人把賭約找出來，在上面簽道：「認輸，1990 年 6 月。」並且按上了自己的指印。

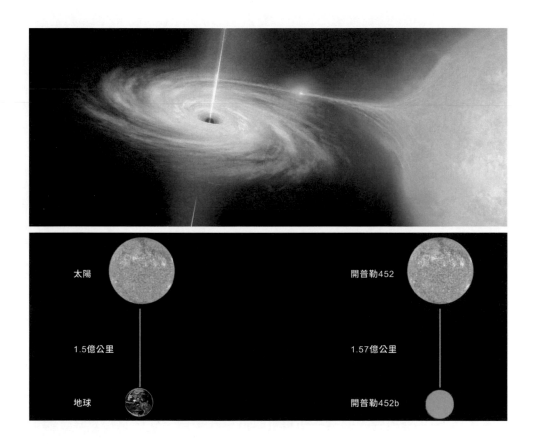

█ 天文小知識 3

地球 2.0

　　2015 年 7 月 24 日，天鵝座裡發現了一顆行星 —— 開普勒 452b，它被天文學家們稱為「地球 2.0」，因為它和地球的相似度達到了 98%。這顆行星的直徑是地球的 1.6 倍，與其母恆星的距離僅比日地距離遠 5%，公轉週期 385 天。開普勒 452b 圍繞的恆星是開普勒 452，也是一顆非常理想的恆星：年齡約 60 億年，溫度和太陽相同，亮度是太陽的 1.2 倍。開普勒 452b 上面會有生命嗎？很值得期待。

天文小知識 4

天鵝座的星雲

天鵝座處在銀河裡，眺望天鵝座，就是在眺望銀河系的巨大銀盤，銀盤裡有很多氣體星雲。天鵝座就是一片星雲聚集區域，裡面有很多美麗的星雲，如面紗星雲、北美洲星雲、鵜鶘星雲、蝴蝶星雲、弦月星雲、鬱金香星雲等。

宇宙太空裡散布著很多氣體塵埃組成的雲團，稱為瀰漫星雲。瀰漫星雲分為三種：

★ 發射星雲：在星雲內或近旁總有一顆或一群高溫恆星，在這些星的紫外線輻射作用下，星雲中的氣體被激發而發光。

★ 反射星雲：星雲本身不發光，但鄰近的恆星會把它照亮，它因為反射星光而發亮。

★ 暗星雲：星雲本身不發光，是黑暗的，在明亮的背景襯托下才能看到它的輪廓，比如獵戶座的馬頭星雲、南十字座的煤袋星雲等。

和瀰漫星雲相對應的另一類星雲叫行星狀星雲，它們是恆星死亡後丟擲的外圍氣體所形成，比如天琴座環狀星雲 M57。

天體鑑賞 1

NGC 6960，女巫掃帚星雲

一萬年前，在人類文明史出現之前，一個極為明亮的星出現在天鵝座 —— 一個超新星爆發了。一萬年後，超新星的遺跡形成了面紗星雲，星雲目前的距離 1,400 光年，尺度為 35 光年。這張圖片是面紗星雲的一小段，它看上去像不像女巫的掃帚？

NGC 6960 ： Martin Pugh （Heaven's Mirror Observatory）

武仙

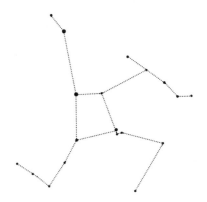

▋星空故事 1

武仙就是大力士

　　明亮的織女星西邊，緊靠著的是武仙座 —— 大名鼎鼎的大力士海克力斯。海克力斯頭朝南、腳朝北，一隻腳就踩在天龍的頭上。

　　海克力斯是宙斯的兒子，不過不是赫拉所生，宙斯為了使他獲得神力，讓信使荷米斯把小海克力斯帶上奧林匹斯山，趁赫拉睡著時偷吸她的乳汁。正吮吸時，赫拉驚醒了，她憤怒地把小海克力斯扔回到地上，赫拉的乳汁立即噴濺而出，在天上形成了一條「乳汁之路」（the Milky Way），這就是銀河。

　　海克力斯還是八個月大的嬰兒時，有一天，赫拉趁他熟睡，命人放兩條壽蛇在他的屋子裡，兩條壽蛇爬進搖籃，纏住小海克力斯。小海克力斯被驚醒，看到兩條纏在自己身上的壽蛇，就用兩隻小手各握住一條蛇的脖

子，用力一捏，兩條毒蛇就被小海克力斯捏死了。

長大後，海克力斯學會了一身本領，成為全希臘最英俊、最強壯、最勇敢同時也最聰明的人。他也獲得了多種寶貝武器：荷米斯給他一口寶劍，太陽神阿波羅送給他弓箭，匠神赫菲斯托斯（Hephaistos）送給他黃金的箭袋，智慧女神雅典娜送給他青銅盾牌，海克力斯就這樣被武裝起來了。

然而，赫拉仍然對海克力斯懷恨在心，他必須闖過十二道難關，才能升入希臘奧林匹斯聖山。其中有：殺死刀槍不入的巨獅；殺死九頭蛇怪以及協助牠作戰的大螃蟹；在一天之內，將養有三千頭牛、三十年從未打掃過的牛棚打掃得乾乾淨淨；盜取能使人長生不老的金蘋果，這金蘋果由會噴火的天龍把守。獅子、巨蟹、長蛇都在武仙西面的春夜星空中，天龍在北方和大熊小熊在一起，牠雖然在騷擾著大熊和小熊，不過牠的頭被海克力斯的一隻腳踩著，不敢輕舉妄動。

觀測指南 1

拱頂石四星

　　大力士武仙的身子由四顆星組成一個四邊形，這四顆是天紀一、天紀二、天紀三、女床一，這個四邊形稱為拱頂石，是夏夜星空的主要標誌。

天體鑑賞 1

球狀星團 M13

　　M13 在拱頂石的西邊，北邊最亮的球狀星團。在黑暗的夜空，肉眼可見，像是朦朧的恆星，用雙筒望遠鏡可以清楚看見，寬度為滿月的一半，用小型望遠鏡可見最亮的一些恆星。M13距離地球 23,500 光年，其中有數十萬顆恆星。

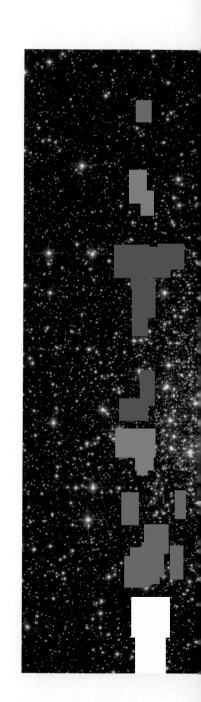

M13： Adam Block, Mt. Lemmon SkyCenter, U. Arizona

天文小知識 1

銀河系裡的兩類星團

恆星不喜歡孤單，常常成雙結對，組成雙星；或者三五成群，形成聚星。

更多的星星聚集在一起，就形成星團。星團分為兩類，一類是疏散星團，一類是球狀星團。

★ 疏散星團：數百顆至數千顆恆星組成的集團，直徑一般不超過幾十光年。目前在銀河系內已發現一千多個疏散星團，實際數量可能十倍於此。

★ 球狀星團：由幾萬甚至幾十萬、幾百萬顆恆星組成，呈球形，越往中心恆星越密集。球狀星團直徑一般也只有幾十光年，它裡面的恆星密度比疏散星團大得多，中心附近恆星密度約是太陽周圍的恆星密度的上千倍，銀河系裡大約有 150 個球狀星團。

北冕

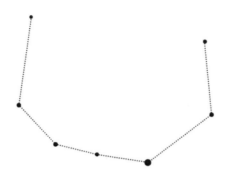

星空故事 1

酒神的愛情

武仙的西面，有七八顆星星組成一個開口的圓環，就像是鑲嵌著鑽石的冠冕，它就是北冕座。

宙斯有個兒子，名叫戴歐尼修斯（Dionysus），非常勤奮好學，到處拜師學藝。經過一番努力，他掌握了釀造葡萄酒的技藝，成為酒神，走到哪裡，就把葡萄酒的釀製技術帶到哪裡。

一天，戴歐尼修斯乘船來到納克索斯島，剛一上岸，便看見一位少女坐在一塊大石頭上默默抽泣，他頓生憐憫之意，便走上前去安慰她。

少女名叫阿里亞德妮（Ariadne），是遙遠的克里特國公主。她父親祭祀不周，惹怒了海神波賽頓，波賽頓施展法術，使他的妻子生下一個牛頭人身的怪物 —— 米諾陶洛斯（Minotaurus），怪物不但面目猙獰，還十分殘暴，只吃人肉，而且還必須是童男童女的嫩肉。

國王追悔莫及，知道這是海神的意思，不敢得罪，就命人建造了一座巨大的迷宮，把那個吃人怪獸關進迷宮中心，命雅典城每年進貢童男童女，送進迷宮專供牛頭怪享用。

牛頭怪物的暴行，激起了一位少年的無比憤怒，這個少年叫忒修斯（Theseus），為了救民於水火，他毅然宣布自己願做童男，前往迷宮。

克里特的公主阿里亞德妮看到英武的忒修斯，心生憐愛與希望，悄悄給他一把利劍和一團線，讓他進迷宮後一邊走一邊放線，線可以引導他走出迷宮。

忒修斯果然不負期望，奮勇殺死了牛頭怪，並順著線走出了迷宮，然後帶著阿里亞德妮乘船逃離克里特，經過多日漂流，來到納克索斯島，並在那裡度過了一段愉快的時光。

一天夜裡，忒修斯在睡夢中，忽然見到命運女神向他走來，並對他說：「趕緊離開阿里亞德妮吧，我早已安排，她應該是酒神戴歐尼修斯的妻子。」

忒修斯無法抗拒命運女神的安排，在公主熟睡的時候，戀戀不捨地離開了她。阿里亞德妮一覺醒來，發覺忒修斯不辭而別，傷心地終日哭泣。

酒神戴歐尼修斯看見命運女神為自己安排的妻子，於是拿出一頂鑲嵌著七顆晶瑩剔透的寶石的華冠，戴在了阿里亞德妮的頭上。

阿里亞德妮和酒神度過很多美好的時光，但最終死去，永遠離開了戴歐尼修斯。酒神拿著妻子留下的華冠，悲痛欲絕，將華冠高高拋起，華冠越來越高，轉眼間就飛到了天上，化作一群璀璨的星星，這就是星空中的北冕座。

▌觀測指南 1

貫索四

在古代天文學家的眼裡，北冕座這一串星星叫貫索，貫索是天廷上的監牢，專門關押犯人的。北冕的七顆鑽石中，位於中間的一顆最為明亮，它是貫索四。

貫索四是一顆 2 等星，全天第 68 亮星，距離地球 72 光年，它有一顆伴星環繞，當伴星走到它前面時，它的亮度就會變暗，這樣的變星叫食變星。

貫索四

蛇夫和巨蛇

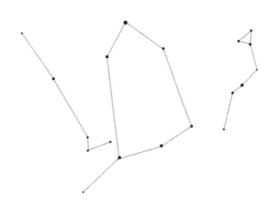

▌星空故事 1

大愛的神醫

　　從武仙座往南，可以看到一個很大的星座 —— 蛇夫。蛇夫和巨蛇連在一起，蛇夫手中握著一條花斑巨蛇，因此巨蛇座被分為兩段：蛇頭和蛇尾，中間隔著蛇夫，巨蛇座因而也是星空中唯一被分為兩塊的星座。

　　蛇夫名叫阿斯克勒庇俄斯（Asclepius），是太陽神阿波羅的兒子，他剛出生不久，母親就去世了，阿波羅把他託付給一個賢良的馬人 —— 凱隆（Chiron）來教養。

　　阿斯克勒庇俄斯是個非常善良的人，看到流血和死人，聽到痛苦的呻吟，就感到內心陣陣刺痛，他發誓要成為一名高明的醫生，醫治人間的疾病。

　　一天，阿斯克勒庇俄斯在田野觀察百草，看到一條巨大的花斑蛇，僵直地躺在地上，好像死了。他靜靜地觀察了一會兒，發現蛇並沒有死，牠

正在把身上的舊皮慢慢地蛻下來，等到全身的皮都蛻換下來之後，蛇又活了起來，而且比以前更漂亮、更精神、更敏捷了。阿斯克勒庇俄斯欣喜地叫道：「太奇妙了，蛇身上一定隱藏著返老還童的奧祕。」於是捉住花斑蛇，纏在腰間，細心研究。

阿斯克勒庇俄斯本來就是醫藥之神阿波羅的兒子，加上他本人刻苦鑽研，終於成為一名神醫。於是他懷著救苦救難的崇高志願，周遊天下，到處行醫，治好了很多病人，使死亡的人越來越少。

阿斯克勒庇俄斯的善行氣壞了冥王黑帝斯，黑帝斯跑到宙斯那裡告狀，宙斯為了維護希臘神族的權威，就用雷錘擊斃了阿斯克勒庇俄斯。

但人們非常懷念和敬仰這樣一位慈悲心腸的神醫，於是將阿斯克勒庇俄斯的形象升至燦爛的星空，成為蛇夫座。神醫的花斑蛇也隨之昇天，成為巨蛇座。東方傳統醫生以杏林為形象代表，在西方，手持大蛇是醫療的象徵。

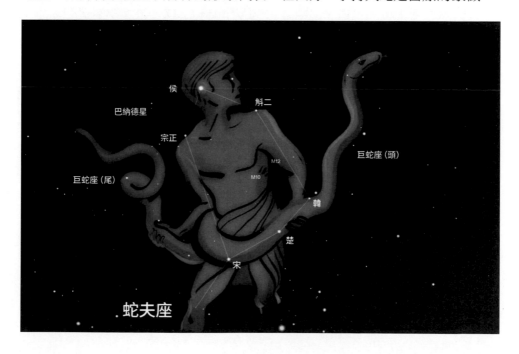

星空故事 2

天上的街市

古代天文學家把蛇夫及巨蛇的這片星空劃分成了一個市場，稱為天市垣。

天市垣由兩道圍牆圍起來，西垣牆由河中、河間、晉、鄭、周、秦、蜀、巴、梁、楚、韓等 11 顆星組成，東垣牆由宋、南海、燕、東海、徐、吳越、齊、中山、九河、趙、魏等 11 顆星組成，這 22 顆星象徵著全國參與貿易的 22 個地區，這也說明天市垣是一個全國性的大市場。

天市垣中間，可以看到帝座一星，原來這個市場是由天子親自坐鎮監督。帝座旁邊，有宦者四星，照顧著天子的起居生活，並協助天帝管理市場。

帝座東南不遠，有侯星一顆 —— 蛇夫的頭。「侯」是等候觀望的意思，市場總是在變化，天氣狀況、政治局勢、貨源情況等都關係到市場的波動，需要有專門的官員觀察行情，掌握市場動態，侯星就是負責此職的專員。

天市垣中央，還有宗正星兩顆，宗人星四顆。宗是主管宗教祭祀的官員，在市場內主政萬物之名，完成對某些售賣物品的祭祀工作。

在天市垣南門內東側，有市樓六星，這是政府設在市場的機構，用來管理市場，監督市場交易情況，以便隨時處理糾紛，調整市政。

在天市的南門附近，是車肆二星，這是從全國各地來的車輛，車上陳列著售賣的貨物。車肆二星一在垣內一在垣外，說明這些售賣貨物的車輛在市場內外都有。從車肆往北是列肆，是一排排出售金銀珠寶等各種商品的商店。在市場的北門附近有屠肆，屠肆既有屠宰場所，又有供賓客飲宴的飯店，當然也可以住宿。

　　列肆往北，有四顆星叫斛，斛是計量糧食體積的量器，這是市場交易中必不可少的工具。又有斗星五顆，這也是糧食或酒漿之類交易的用具，它們既代表著交易的貨物，同時又是交易的度量。又有帛度二星，帛度就是政府提供的尺度，用來丈量布帛的長度，說明這裡是交易布匹的地方。

　　天上的這個交易市場雖然龐大，但卻是參照人間的市場建造起來的。詩人郭沫若如果知道這個情況，猜想會有一些失望，因為他在詩歌〈天上的街市〉中這樣寫的：

　　我想那縹緲的空中，定然有美麗的街市，

　　街市上陳列的一些物品，定然是世上沒有的珍奇。

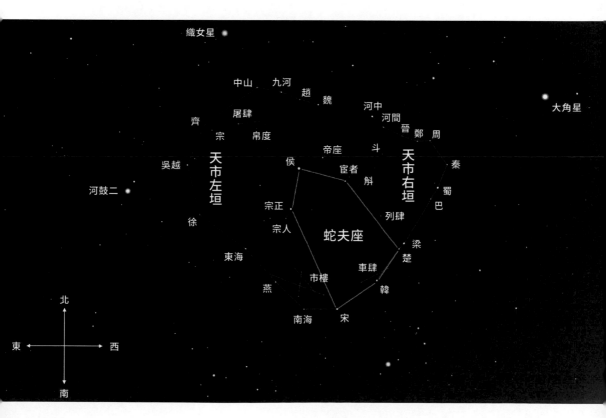

觀測指南 1

蛇夫、巨蛇，天市垣

　　先找到蛇夫頭部的侯星，再找蛇夫腰部的宋、楚、韓三星，確定蛇夫座的輪廓。接著找巨蛇的頭，它在蛇夫的西邊；然後找巨蛇的尾部，它在蛇夫的東邊。

　　把蛇夫小知識開啟，尋找天市垣的輪廓，你能想像出天上的街市那熙熙攘攘的熱鬧景象嗎？

天文小知識 1

飛星巴納德（Barnard）

　　蛇夫的右肩附近有一顆肉眼看不到但卻非常著名的星，它叫巴納德星，人們稱為「飛星」。

　　恆星都是看起來近乎恆定不動的星，但其實恆星也在動，它們相對於其他恆星的移動叫自行。絕大多數恆星自行很小，但巴納德星卻自行較大，是所有恆星中自行最大的。雖然位居第一，但它每年在天球上的移動也不過 10 角秒（角度的單位）左右。以這樣的自行速度，巴納德星走完月亮直徑那樣的角距離，大約需要 180 年。

　　巴納德星是太陽系的近鄰，距離地球為 6 光年，是離太陽系第二近的恆星。

圖片來自 NASA/ESO

天體鑑賞 1

巨蛇座的星系大戰

　　NGC 2623，距離地球約 3 億光年，是兩個正在進行合併大戰的星系。兩個星系猛烈地撕扯著，已經不成樣子，各自只剩下了一條旋臂。本圖片由哈伯太空望遠鏡拍攝。

天文小知識 2

奇異的哈氏天體（Hoag's Object）

　　巨蛇座內，距離地球 6 億光年的宇宙深處，有一個非常著名的環狀星系，它被稱為哈氏天體，直徑約 10 萬光年。它的外圍是由明亮的藍色恆星組成的環狀物，而中心處的圓球則主要是由許多可能較老的紅色恆星構成，介於兩者之間的是一道幾乎完全黑暗的裂縫。巧合的是，在縫隙中間（大約一點鐘方向）可見另一個環狀星系，它可能距離更遠。

圖片來自 NASA/ESO

166

天蠍

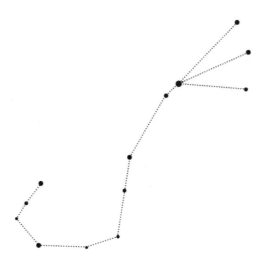

　　從蛇夫座往南，可以看見一顆明亮的星，發出紅色的光芒，在晴朗的夜空裡非常引人注目，它叫心宿二，是天蠍座的主星。

　　星空中的這隻蠍子，兩隻大螯向西方揮舞著，一條長長的帶毒鉤的尾巴則在東方高高翹起，一副準備戰鬥的樣子。牠的敵人在哪裡呢？是相隔半個天空到冬夜才出現的獵戶。

▊星空故事 1

七月流火

　　有一句詩經常被錯誤引用：「七月流火」，現在它常被一些人用來形容夏天天氣很熱，就像下了火一樣，這是一個誤解。

　　「七月流火」來自《詩經・七月》：

七月流火，九月授衣。

一之日觱發，二之日栗烈。

無衣無褐，何以卒歲？

　　七月流火，並不是說天氣熱得像火一樣，此「火」非彼「火」，它指的是大火星，大火星不是火星，而是心宿二，因為心宿二顏色發紅，所以古人又稱它為大火星。

這段詩的意思是說：

農曆七月的傍晚，大火星就偏向了西方的天空，九月分就該準備冬衣了。

十一月分開始颳起呼呼的北風，十二月分天氣凜冽寒冷。

沒有過冬的衣服，該如何度過這一年？

星空故事 2

商星的傳說

除了大火星，心宿二還有一個名字：商星。

高辛氏〔帝嚳（ㄎㄨˋ）〕有兩個兒子 —— 閼（ㄜˋ）伯和實沈，他們很不和睦，經常打架，於是堯帝把他們遠遠地分開，老大閼伯到河南東部的商地，老二實沈到山西南部的大夏。不但距離分開得很遠，就連他們各自的工作內容也迥異：閼伯負責觀測夏夜星空的大火星，實沈負責觀測冬夜星空的獵戶座眾星（參星），這樣他們就不會再有衝突了。

因為閼伯被封在商地，他的後人稱為商人，他們繼承了閼伯觀測大火星的傳統，於是大火星又被稱為商人之星。

閼伯在他的封地做火正時，工作很敬業。為了觀測精確，他還築了一個高高的觀星臺。他死後，人們尊他為「火神」，把他築的觀星臺稱為「火星臺」。他埋的墓塚稱為「商丘」，這就是今天商丘的來歷。

現在商丘城西南不遠處，還有一處名為火星臺的小丘，臺頂建有一座閼伯廟，也叫火神廟，香火很旺盛，每年春節前後，許多人都要到閼伯廟祭拜，代表自己是商人後裔。

星空故事 3

參商不想見

　　天蠍座是夏季的著名星座，獵戶座是冬季的明亮星座，當天蠍座在夏夜星空升起時，冬夜的獵戶座就落到地面以下了；當冬夜的獵戶座升起時，夏夜的天蠍座又落到地面以下了，這兩個星座不會同時出現在高天之上。

　　獵戶座的亮星又叫參星，參星和天蠍座的心宿二 ── 商星似乎不共戴天。於是，參星和商星就被看作離別的象徵。杜甫在〈贈衛八處士〉中就有這樣的詩句：

　　人生不想見，動如參與商。

　　今夕復何夕，共此燈燭光？

觀測指南 1

紅色的大火星

　　心宿二，它是全天第 15 亮星，距離地球約 550 光年，古代波斯人認為它是守護天球的四柱之一，另外三柱分別是南魚座的北落師門、獅子座的軒轅十四、金牛座的畢宿五。

　　心宿二是一對雙星，主星質量約是太陽的 12 倍，因為演化到後期膨脹，成為一顆紅色超巨星，直徑約是太陽的 700 倍，體積是太陽的 3 億多倍，如果把它放在太陽的位置，它的邊緣將逼近木星。

　　因為膨脹得很大，心宿二表面溫度就降低了很多，只有 3,000 多度，顏色就發紅了。

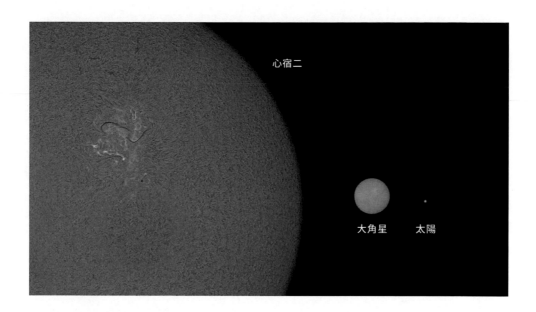

觀測指南 2

天蠍的尾巴

天蠍座是所有星座中最名副其實的一個星座，尤其是牠的尾巴，由九顆星組成一個明顯的彎鉤形，恰如一隻蠍子高高翹起的毒鉤。

天蠍尾巴的九顆星就是二十八宿的尾宿，牠正好也是星空裡那隻神獸 —— 東方蒼龍的尾巴，東方蒼龍由角、亢、氐、房、心、尾、箕七宿構成，心宿是心臟，尾宿是尾巴，蒼龍的尾巴正好是蠍子的尾巴。

雖然在眾多問題上都有分歧，但東方和西方在尾巴的看法上終於取得了一致。

星空故事 4

從奴隸到宰相

在天蠍的尾鉤處，有一顆 3 等星，叫傅說（ㄩㄝˋ），傅說也是商朝一個重要人物。

商朝中期有一位英明的王叫武丁，他繼任的時候，商朝國勢衰落，百廢待興，武丁苦苦思考著振興之道。

一天，武丁睡覺時做了一個夢，夢見上天賜給他一位聖人，名叫說。醒來後武丁就招來畫工，把夢中人的模樣畫出來，命人在全國尋找。

人們在傅巖（今山西南部平陸縣）找到一個人，長得與畫像上的一模一樣，名字就叫說。此人是個奴隸，正在與眾苦力一道築牆。那時築牆是先用木板固定，然後在木板中填上溼土、稻草，填實後把木板去掉，就成為結實的土牆，和現在澆築混凝土很相似，所以稱為「版築」。由於說是傅巖這地方的人，人們便將傅作為他的姓氏，稱他為傅說。《孟子》中有一段非常勵志的話這樣說：「舜發於畎畝之中，傅說舉於版築之間。」

傅說被送到武丁那裡，武丁發現此人果然很厲害，不但有理論，而且重實踐，他說，治國的難處不在於道理難懂，難的是踏踏實實地去做，「知之非艱，行之惟艱」，這句話成為傳頌至今的名言。

於是武丁宣布，傅說就是上天在夢中顯示給他的聖人，任命他擔任太宰。傅說行使了一系列有效的措施，很快使國家強盛起來，史稱「武丁中興」。

傅說死後被人們尊為聖人，並且升上天空，跨在尾宿、箕宿之間，成為燦爛星空的一員。《莊子》中說傅說「相武丁，奄有天下，乘東維，騎箕尾，而比於列星。」乘東維，乘著由角、亢、氐、房、心、尾、箕七宿組成的東方蒼龍；騎箕尾，騎在箕宿和尾宿之間，尾宿在天蠍的尾巴處，箕宿在人馬座裡。

人馬

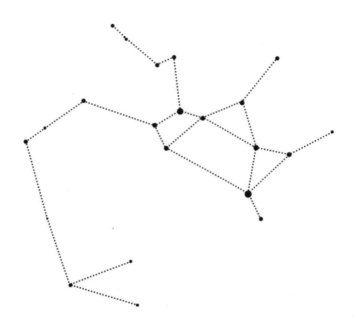

■ 星空故事 1

賢良的馬人

　　天蠍的東面，是另一個黃道星座 —— 人馬座。

　　人馬是一種半人半馬的怪物，在古希臘神話中，介於神與人之間的稱為「馬人」。他們性情和善，從不殘害人類，和人類保持著良好的關係。有一天，人類舉行一個婚禮，馬人前來祝賀，婚宴上一派喜慶氣象。不料，馬人被美酒陶醉，開懷大飲，竟然得意忘形，露出妖氣，粗魯地調戲新娘和女賓，結果喜宴變成了打鬥，直打得昏天黑地，兩敗俱傷。

　　馬人在這場戰鬥後躲入大山，但並沒有中斷和人類的交往。其中一個叫凱隆的馬人，賢明溫和，多才多藝，精通樂器、醫藥，武藝高明，居住在一個山洞中，授徒為業。他的學生只要學到他一種技藝，便可稱雄於世，大力士海克力斯就是他的學生。

　　有一天，海克力斯和一些馬人打鬥起來。他用大棒將馬人趕跑，然後緊緊追趕，一邊追一邊用箭射。這些馬人逃進凱隆居住的山洞裡，海克力斯一箭射去，箭支擦過一個馬人的臂膀過去，竟射在老師凱隆的膝蓋上。海克力斯的箭在九頭毒蛇的毒血中浸過，帶有劇毒，凱隆中毒而死。

　　宙斯為了表彰凱隆的功績，便在天界給他一個位置，這就是人馬座；此外，還賞給他一頂桂冠，這頂桂冠就在凱隆的腿前，這就是南冕座。

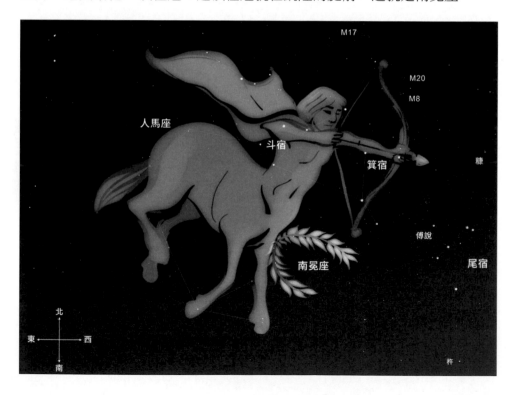

星空故事 2

風神箕子

人馬座上身那些較亮的星組成了一個茶壺的形狀，俗稱「人馬座大茶壺」，它是辨認人馬座的主要標誌，這個茶壺主要由二十八宿的箕宿和斗宿組成。

箕宿的 4 顆星組成一個不規則的四邊形，形狀很像一個簸箕，這種東西現代城市人已經看不到了，樣子大概和打掃環境用的畚箕差不多。

簸箕是用來簸揚穀物的，穀物簸揚之前需要搥打，這就需要杵（棒槌），簸箕簸揚搥打過的穀物後，會把糠揚出去，所以箕宿旁邊有杵星、糠星，這真是一幅寫實的勞作畫面啊！

簸箕簸揚穀物需要有風，古人把箕宿與風連繫起來，認為箕宿是風神。月亮走到箕宿這裡，地上就會起大風，會颳得黃沙滾滾，「月離於箕風揚沙」。

箕宿更深刻的含義是指地上的箕人。箕人是夏代以前的一個大部落，他們善於用竹子編織簸箕，後來這個部落出了一個著名的人物，叫箕子，商紂王的叔父。

箕子看到商紂王荒淫無道，經常勸諫紂王，紂王根本聽不進去。紂王的另一個叔父比干冒死向紂王進諫，惹怒了紂王，紂王對比干說：「我聽說聖人的心有七個竅，請讓我見識一下吧。」於是命人將比干殺死，把他的心拿出來觀看。

箕子就害怕了，他不再說話，披頭散髮，像個瘋子，可是紂王還是對他不放心，把他關了起來。

商紂王的殘暴無道最終使自己走向末日。周武王滅商之後，仰慕箕子仁德，打算封賞他，可箕子卻帶領部族遺民，跑到了朝鮮。周武王就順便宣布，將朝鮮封給箕子。正因為箕宿的名字源於箕人，而箕宿和風連繫在一起，所以箕子後來也被封為風神，稱為風師或風伯。

星空故事 3

斗宿的故事

箕宿東北，有 6 顆星組成一個勺子的形狀，這就是二十八宿之一的斗宿，又稱南斗。不過這把勺子是倒扣著的，怎麼用來舀酒漿呢？所以《詩經·大東》裡有這樣的詩句：

維南有箕，不可以簸揚。

維北有斗，不可以挹酒漿。

南斗六星和北斗七星遙遙相對，古人把南斗看成管人生的星官，把北斗看成管人死的星官，「南斗注生，北斗注死「，人的一生，都要從南斗手裡過到北斗。

斗宿經常在文學作品中出現，比如唐代詩人劉方平的〈月夜〉：

更深月色半人家，北斗闌干南斗斜。

今夜偏知春氣暖，蟲聲新透綠窗紗。

星空故事 4

氣沖斗牛的傳說

斗宿的東方是牛宿，它們都屬於二十八宿。

傳說在晉朝時，尚書張華發現斗宿和牛宿之間出現異常的紫氣，就找一個會望氣觀天名叫雷煥的人諮詢。雷煥解釋說，斗牛之間的紫氣，是東吳一帶地下埋藏著稀世的寶劍，寶劍精氣上達天庭，直沖斗、牛所致。張華命雷煥去尋找，雷煥後來在豐城縣大牢的牆基裡挖到了一個石匣，裡面裝著兩把絕世寶劍，一把叫「干將」，一把叫「莫邪」。後來兩把寶劍化作兩條蒼龍，雙雙飛到山東石島灣的上空後落下來，「莫邪」落在海上成為一座島，叫「莫邪島」；「干將」落在北海岸，化作一脈山，叫「干將山」。

後來人們就用氣衝斗牛來形容氣勢豪邁。唐代的崔融在〈詠寶劍〉中說道：

「匣氣沖牛斗，山形轉轆轤。」

宋代的岳飛在〈題青泥赤壁〉詩中說：

「雄氣堂堂貫斗牛，誓將真節報君仇。」

觀測指南 1

人馬大茶壺

　　觀察人馬座，找到箕宿四星、南斗六星，回憶關於箕宿和斗宿的歷史
文化故事。看看箕宿和斗宿的星是不是組成了一個大茶壺形狀？

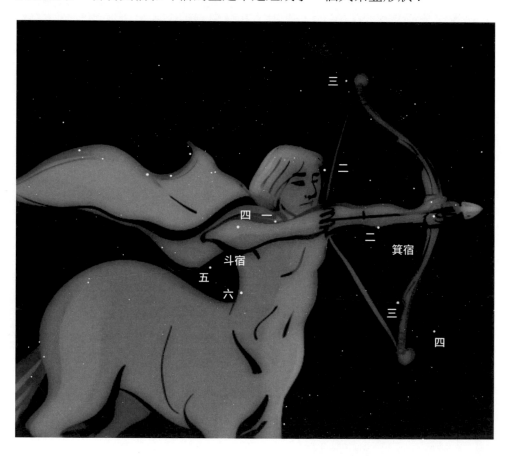

觀測指南 2

銀河系中心

銀河系是一個扁平的盤狀體,太陽系距離銀河系中心約 27,000 光年,銀河系中心就在人馬座和天蠍座的交界處,那裡的銀河明顯比別的地方粗壯。夏天夜晚,找到人馬座和天蠍座,遠眺人馬頭部與天蠍尾部,那就是銀河系的中心所在。

天體鑑賞 1

M20 三裂星雲

　　這個人馬座的著名星雲用小型望遠鏡即可看到，用大口徑望遠鏡可以看出星雲被帶狀塵埃分隔成三瓣，故稱三葉星雲或三裂星雲。它包含了三種基本的星雲：紅色部分是高能星光激發氫產生的，是發射星雲；藍色部分是星際塵埃反射星光產生的，是反射星雲；黑暗部分則是密實的雲氣擋住光線所造成的，是吸收星雲。三裂星雲距離地球 5,600 光年。

三裂星雲： Adam Block, Mt. Lemmon SkyCenter, U. Arizona

天體鑑賞 2

M17 歐米加星雲

　　它是發光的氣體雲，約為滿月大小，用雙筒
望遠鏡可見，距離地球 4,900 光年。

圖片來自 NASA/ESO

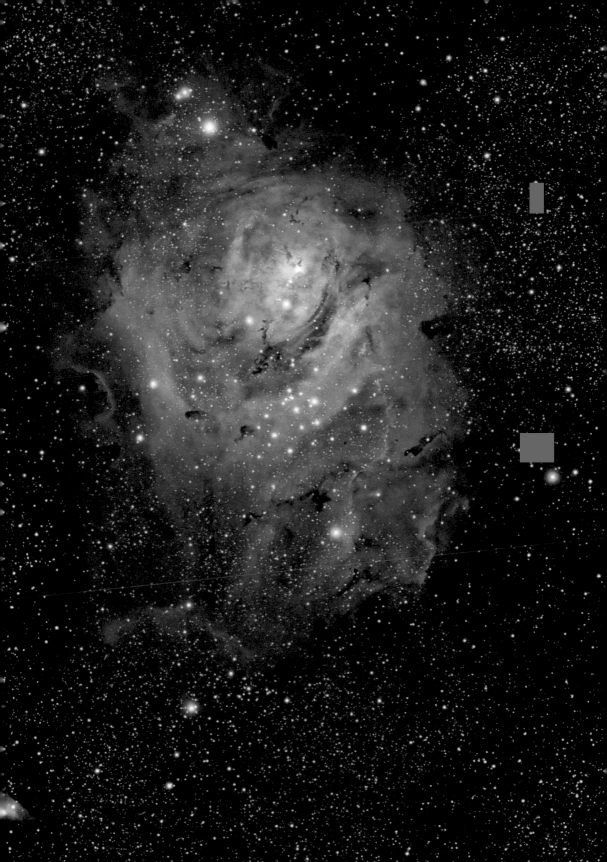

天體鑑賞 3

M8 礁湖星雲

　　M8 礁湖星雲是銀河中的亮星雲，在人馬座東半部，肉眼可見，是雙筒望遠鏡的理想觀測目標，外形綿長，寬度約有滿月的三倍，距離地球 5,200 光年。

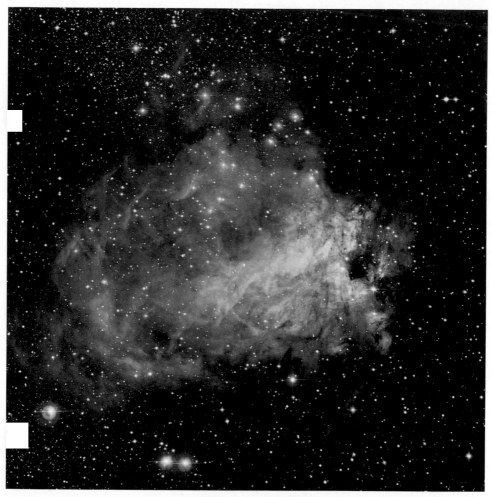

NGC5128：Tim Carruthers

天秤

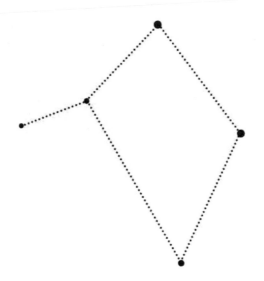

▍星空故事 1

天上有桿秤

　　天蠍的西面、室女的東邊，是另一個黃道星座，天秤座。這個星座不太醒目，只有四顆不太亮的星，大致組成了一個四邊形。

　　原來這片天空曾經是天蠍座的一部分，古希臘人把它叫做「天蠍的螯」，也就是天蠍的爪子，其中最亮的兩顆星分別叫「北螯」和「南螯」。

　　羅馬人把它們單獨劃分出來，視為旁邊的室女座手裡拿著的天秤。室女是宙斯的姐姐狄蜜特，她有兩個職務，一個是農業女神，一個是正義女神，這桿天秤就是正義女神用來秤量人心善惡的。

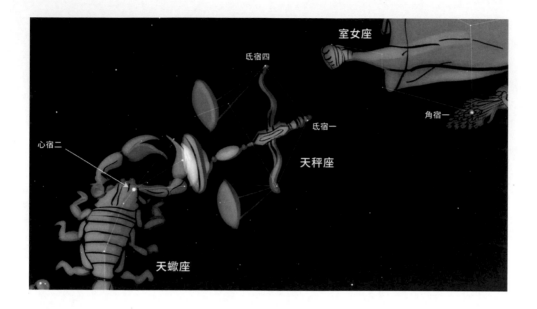

▌觀測指南 1

氐宿四

天秤座最亮星 —— 氐宿四，與地球相距 185 光年，光度是太陽的 130 倍，表面溫度 1,2000K，年齡只有 8,000 萬年，是一顆又年輕又熾熱的恆星。

據說這是全天唯一一顆肉眼能看得出鮮明綠色的星。

▎天文小知識 1

有綠色的恆星嗎？

有人聲稱看到氐宿四是綠色的，這一點很有爭議。在夜空裡，你可以看到白色、淡藍色、黃色、橙色與紅色的恆星。恆星的顏色取決於它的表面溫度，溫度高就會偏藍，溫度低就會發紅。比如室女座的角宿一表面溫度 23,500K，它的顏色就發藍；天蠍座的心宿二表面溫度 3,000K，它就發紅。

天文學家們把恆星劃分成七大類，就是：O、B、A、F、G、K、M，基本涵蓋了從藍到紅的可見光譜。

氐宿四的表面溫度是 1,2000K，按說顏色是介於黃色和藍色之間，有可能是綠色。然而恆星是在整個可見光波段發出輻射，當綠色光和它兩邊的黃色光、藍色光混合在一起的時候，就很可能是白色的了。

氐宿四到底是什麼顏色呢？你親自看看就知道了。

O型

B型

A型

F型

G型

K型

M型

半人馬和豺狼

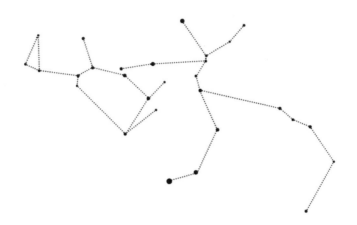

星空故事 1

慈愛的豺狼

從天蠍座和天秤座往南，還有一個半人半馬的星座 —— 半人馬座。

在中原地區看，半人馬座只能在地平線附近隱隱露出半個人身和一截馬尾，只有到南方的島嶼，才能看到這頭怪獸露出馬腳。

半人馬的長矛刺向東方，在牠的前方，有一匹豺狼 —— 豺狼座。然而星空裡的這匹豺狼，其實是相當有愛心的。

古羅馬神話傳說中，戰神馬爾斯（Mars）與莉亞・席爾維亞（Rhea Silvia）生了一對孿生兄弟羅莫洛（Romulus）和瑞穆斯（Remus），被仇人發現並棄入河中，嬰兒在籃子裡漂流到一棵無花果樹下，為一母狼守護，

哺養。兩兄弟長大成人後，得知了身世，殺死仇人。他們決意在母狼哺育他們的地方另建新城，古羅馬從此誕生，傳說中的這隻母狼也成了天空中的豺狼座。

▌星空故事 2

南方的戰場

　　半人馬座最明亮的是南門二，它是星空裡南方戰場的大門。

　　南方戰場的最高統帥是騎陣將軍 —— 一顆不太亮的星，他率領著騎官十星、從官三星和車騎三星，這些都是軍中輔助的將領和官員。騎官的西南有庫樓十星，庫樓是駐紮官兵的地方，這裡駐紮的大量軍兵，是為了防禦南方的苗蠻侵略。

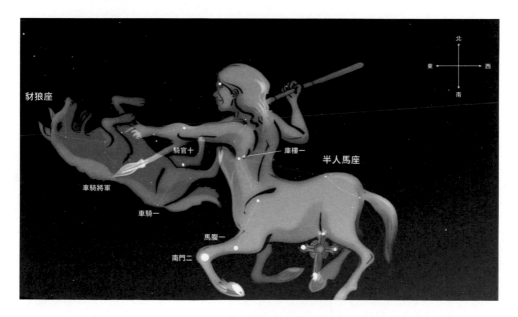

南門二的行星上將會看到兩個太陽,一個明亮,一個不太明亮。我們的太陽成了一顆普通恆星。

觀測指南 1

遙望南門二

　　半人馬座的亮星南門二是一顆迷人的恆星,它很亮,是全天第三亮的恆星。在肉眼可見的恆星中,南門二是距離最近的,它距離地球 4.3 光年。

　　南門二是一對雙星,還有一顆暗弱的紅矮星圍繞著南門二運行,它們組成了一個三合星系統,紅矮星距離地球 4.2 光年,是太陽系真正最近的鄰居,天文學家給它取了一個非常貼切的名字 —— 比鄰星。比鄰星太暗,肉眼看不見。

在南方的低空找到半人馬座，找到南門二，仰望它，看著這個距太陽系最近的恆星鄰居，想像它那 4.3 光年的距離究竟有多遠。

假如你乘坐一艘太空船到銀河系去旅行，南門二當然是最近的一站，如果你的飛船每秒飛行 30 公里，你需要 43,000 年才能到達南門二。

觀測指南 2

馬腹一

馬腹一是半人馬座的第二亮星，緊靠南門二，是全天第 11 亮的恆星。

馬腹一雖然緊靠南門二，卻比南門二遠得多，距離地球 390 光年，是一個三合星系統，其中兩個子星的質量是太陽的 10 倍以上，都是藍色巨星，兩顆子星加在一起的總輻射光度約是太陽的 46,000 倍。

馬腹一很年輕，年齡不超過 1,500 萬年，但這兩顆大質量恆星壽命很短，幾百萬年後就會走到生命的盡頭，爆發出極其猛烈的超新星。

天體鑑賞 1

一個巨大的橢圓星系

　　半人馬座 A 星系 ── NGC 5128，中間有一條寬闊的塵埃帶，顯示它在數十億年前，曾經和另一個螺旋星系碰撞合併。另外，它還吞噬了一個較小的星系。半人馬座 A 星系直徑約有 6 萬光年，距離我們約 1,100 萬光年，用雙筒望遠鏡就能看見。

天體鑑賞 2

遠眺星系之旋

　　跟隨哈伯太空望遠鏡，遠眺半人馬方向的 NGC 4603，一個巨大的螺旋星系，距離在 1 億光年之外。

南十字座

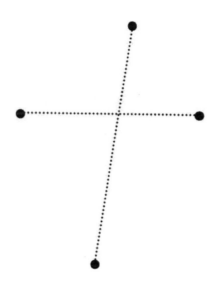

星空故事 1

天堂的入口

　　半人馬的馬腹下面，有四顆明亮的星，組成一個十字形，它就是南十字座。南十字座是全天最小的星座，面積只有最大的長蛇座的二十分之一，但卻是最著名、最容易辨識的星座之一。

　　在很多文學作品裡，南十字座被看作天堂的入口。日本作家宮澤賢治的童話作品《銀河鐵道之夜》描寫了這樣一個故事。

　　在銀河節那天，同學們都高高興興前往河邊參加水燈大會，貧困的喬凡尼卻要回家照顧生病的媽媽。喬凡尼累倒了，躺在山坡頂上休息，過了不知多久，他突然聽到一種奇怪的聲音，睜開眼，發現自己正在跟最好的朋友康佩內拉乘坐一輛列車，行進在滿是星星的銀河鐵道上。

　　他們看見了許多奇異的景象，銀白色的芒草如同波浪般翻滾，在河流中浮動搖曳；河沙如水晶般晶瑩透亮，微波蕩漾，流光溢彩，如同搖曳的火光，一切彷彿仙境一般不可思議。

　　最後終點站到了，是南十字座站。這車站沐浴在純白的十字光芒中，飄揚著哈利路亞的美妙歌聲。喬凡尼和康佩內拉相約永不分離，但當列車駛入煤袋星雲的時候，喬凡尼忽然發覺康佩內拉消失不見了。

　　喬凡尼醒來，得知好友康佩內拉因為下水救人再也沒有浮出水面，原來銀河鐵道之旅是康佩內拉透過南十字座進入天國的旅程……

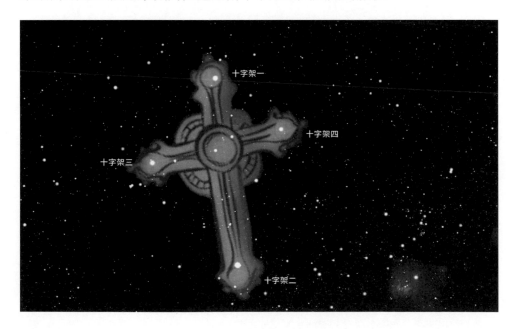

▌觀測指南 1

十字架二和十字架三

組成十字架的四顆星，有兩顆 1 等星。

十字架二，亮度為 0.8 等，全天第 13 亮星，是一對雙星，小型望遠鏡下可見 1.3 等和 1.7 等兩顆藍白色恆星，距離地球 320 光年。

十字架三，亮度最亮時為 1.3 等，全天第 20 亮星，距離地球 350 光年。十字架三是一顆變星，每天脈動 5 次，亮度隨之每天變化 5 次，最暗時的亮度只有最亮時的十分之一。

▌觀測指南 2

煤袋星雲

南十字座內有一個非常顯著的星雲，只不過它是黑暗的，襯托在銀河背景前，就像銀河的一片補丁，用肉眼就很容易看見，距離地球約 600 光年。

▌觀測指南 3

珠寶盒星團

位於南十字座第二亮星十字架三東面不遠處，視星等為 4 等。肉眼可以直接看到，但只是一個模糊的星斑。珠寶盒星團被認為是南天星空最出色的天體之一，星團最亮的三顆恆星位於同一條直線上並且發出紅、黃、藍三種不同顏色的光芒，因此被稱為「紅綠燈」。

十字架一

珠寶盒星團 →

煤袋星雲 →

十字架二

南天極

第五部分
秋夜星空

10 月 15 日：22 點；

11 月 15 日：20 點。

恆星每天比前一天提前約四分鐘升起，造成同一位置。

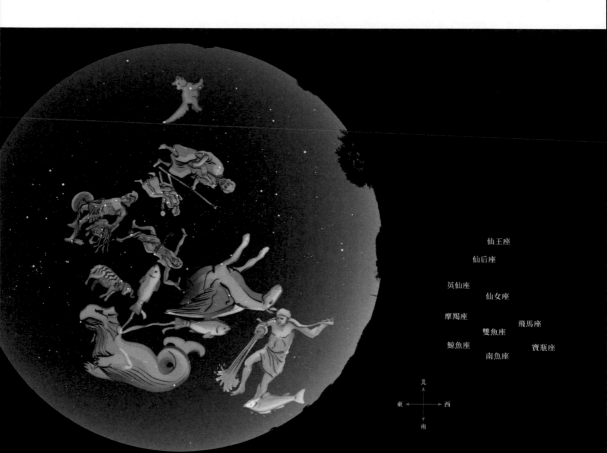

仙王座

仙后座

英仙座

仙女座

摩羯座

飛馬座

雙魚座

鯨魚座

寶瓶座

南魚座

北

東 ← → 西

南

飛馬

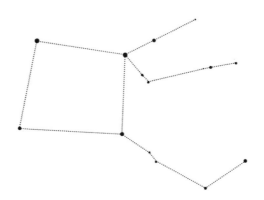

▌星空故事 1

蛇髮女妖

　　秋天夜晚，有一間方方正正的大房子從東方升了起來，那是一個由四顆亮星組成的四邊形 —— 著名的秋季四邊形，又稱飛馬四邊形。

　　古希臘神話傳說裡，有一個英雄叫珀修斯（Perseus）。一天，智慧女神雅典娜突然出現在他面前，對他說：「珀修斯，去把魔女梅杜莎的頭給我取來，事成之後，我把你提拔到奧林匹斯神山上來。」

　　梅杜莎本來是一個美麗的少女，有一頭秀美的金髮，可她自恃美麗，竟然要與智慧女神雅典娜比美。雅典娜妒火中燒，施法懲處了她，將她那頭秀髮變成一條條毒蛇。美女變成了妖怪，梅杜莎心中無限悲憤，兩眼放出仇恨的光芒。無論什麼人，只要看一眼梅杜莎的眼睛，就會立刻變成石頭。梅杜莎和另外兩個妖怪姐妹生活在一起，人們稱她們為「蛇髮女妖三姐妹」。

　　珀修斯有兩件兵器：青銅盾牌和一把寶刀，還有三樣寶物：一雙飛鞋，一隻囊袋和一頂隱形頭盔。穿上飛鞋，他就可以飛到他想去的地方；戴上頭盔，任何人都看不見他，他卻可以看見別人。

　　珀修斯踏著飛鞋，飛到了蛇髮女妖的海島。女妖都在熟睡，珀修斯背對女妖，以防看到她們的眼睛，他從青銅盾牌的反光裡認出梅杜莎，抽刀快速砍下她那纏滿毒蛇的頭，迅速塞進囊袋，踏著飛鞋急速升到空中。另外兩個女妖被驚醒，立刻拍打著金翅膀，飛上天空尋找敵人。

　　這時候從梅杜莎的身子裡跳出一匹會飛的馬，珀修斯跳上飛馬，迅速離開了。

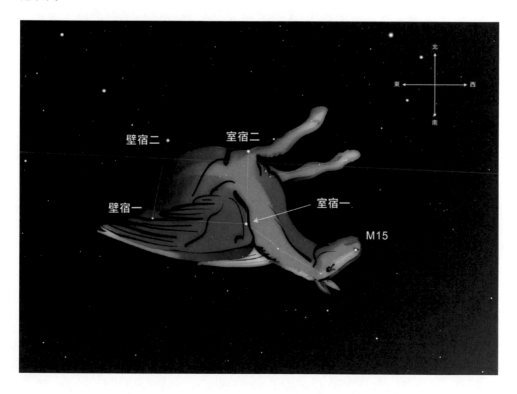

星空故事 2

天上有間大房子

飛馬四邊形方方正正的，像個房子，古代人就是這樣看的 —— 這四顆星就是房子的牆壁，分別叫室宿一、室宿二、壁宿一、壁宿二，合稱營室，就是蓋房子的意思。

當營室四星傍晚升到中天的時候，秋收已經完畢，冬閒來臨，農夫們就準備好蓋房子的工具，集合起來為貴族和公家服勞役，修築宮室房舍。《詩經》裡有一首詩叫〈定之方中〉，描寫了農夫們勞作時的唱詞：

定之方中，作於楚宮。

揆之以日，作於楚室。

翻譯過來就是：
營室四星照天空，楚丘動土建新宮。
測量日影定方向，楚丘蓋房築新城。

春秋時中原北部有個衛國，都城在河南省鶴壁市的淇縣，那時稱為朝歌。衛國的國君衛懿公不愛管國家大事，只有一個愛好 —— 養鶴，而且到了癡迷程度。衛國的達官貴人投其所好，紛紛向衛懿公獻鶴，弄得王宮就像個動物園，到處是鶴。衛懿公給他的鶴分封了好幾個等級，好的被封為鶴大夫，次一些的被封為士，按等級給牠們相應的俸祿。衛懿公出巡時，還讓鶴乘專車在自己車前開道，名曰「鶴將軍」。

衛懿公玩物喪志，不用心治國，百姓處境艱難，北狄看到衛國國力衰弱，便大舉入侵。衛懿公下令集合軍隊，卻發現百姓逃跑了。衛懿公派人抓回一些百姓，質問他們為什麼逃跑，百姓回答：「大王那麼愛惜您的鶴將軍，您的百姓何曾受到鶴的待遇呢？」

衛懿公明白了自己的錯誤，當即命人把所有的鶴都放了，無奈敗局無法挽回，衛國被狄人占領，衛懿公也被殺，成了玩物喪志亡國身死的反面教材。

衛懿公的公子在齊國幫助下，趕走狄人，恢復國家，當上了衛文公。衛文公把國都遷到楚丘，重建城市，衛國重新煥發生機。

建設宮室和房舍的場面很熱鬧，晚上一直工作到營室四星在夜空升起。老百姓一邊唱著「定之方中」的歌，一邊熱鬧地忙碌著。

觀測指南 1

飛馬四邊形

　　秋夜，飛馬四邊形就在頭頂附近，找到這個四邊形，看著它，想像《詩經》中熱鬧的勞作場面。

　　飛馬四邊形是秋夜認星的重要參考。

　　將西邊的室宿二和室宿一兩顆星的連線向南延伸，可以找到一顆 1 等亮星，它叫北落師門，是南魚座的最亮星。

　　將東邊的壁宿二和壁宿一兩顆星的連線向南延伸，可以找到一顆 2 等星，它叫土司空，是鯨魚座的最亮星。

　　將壁宿一和壁宿二連線向北延伸，就可以找到北極星。

天文小知識 1

最早發現的太陽系外行星

　　1995 年 11 月，天文學家們發現了飛馬座 51 星有一顆行星，這算是發現的第一顆圍繞正常恆星的系外行星。飛馬座 51 星距離地球 50 光年，質量和大小都和太陽差不多，年齡超過 10 億年，是非常理想的恆星。然而該行星距離恆星太近，不到 800 萬公里，明顯不在恆星的生命帶裡。

天體鑑賞 1

史蒂芬五重星系（Stephan's Quintet）

飛馬座裡有一個叫史蒂芬的五重星系群，是首個被確認的緻密星系群，距離地球約 3 億光年，看上去是五個星系，但實際上只有四個星系是真正處在一群，有一個與其他四個星系分離很遠，你能看出是哪一個嗎？

左下方那個較大的泛藍色星系明顯是異類，它距離地球只有 4,000 萬光年。其他四個星系都泛黃色，距離很近，相互拉扯，以至於拉扯出了扭曲的圈環和尾巴結構。圖片為哈伯望遠鏡拍攝。

圖片來自 NASA/ESO

仙女

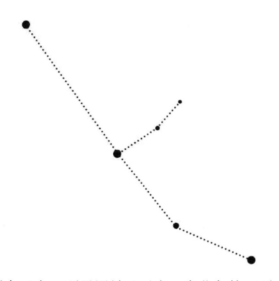

　　飛馬四邊形中只有三顆星屬於飛馬座，東北角的那顆壁宿二並不屬於飛馬座，它和東北方的奎宿九、天大將軍一這三顆 2 等亮星近似排成一條直線，它們是仙女座的標誌。

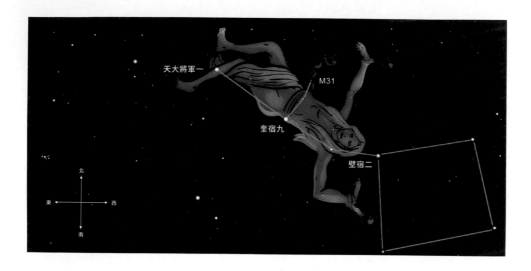

星空故事 1

驕傲的代價

　　仙女其實是一位公主，名叫安朵美達（Andromeda），是衣索比亞國王西浮斯（Cepheus）的女兒，她的母親是卡西俄比亞（Cassiopeia）。王后是一個驕傲的人，她總是誇口說她和女兒安朵美達是世界上最美的女人，就連海神波賽頓的女兒們也比不上。波賽頓聽了很生氣，他的修養一點也不比王后好，能力可是神級的，他掀起滔天巨浪，威脅要淹沒衣索比亞，除非王后把公主安朵美達鎖在大海邊，讓海怪吃掉。國王和王后沒有辦法，為了拯救國家，只得將公主綁在海邊的岩石上。

　　一陣巨浪湧來，海裡出現了一隻可怕的海怪，張大嘴巴，直向公主衝去。

　　就在這時，天空飛來了一匹有著翅膀的馬，從飛馬上跳下來一個全副武裝的英俊王子，他就是珀修斯。珀修斯剛剛取了魔女梅杜莎的頭，正好路過這裡，看到海怪要吞掉美女，就腳蹬飛鞋，躍到空中，抓準時機，把

梅杜莎的頭高舉到海怪面前,海怪張眼一看,立刻化為一塊巨石。

這個故事的角色後來都升到天上,公主安朵美達是仙女星座,王子珀修斯是英仙星座,公主的父母分別是仙王座和仙后座,珀修斯的飛馬成為飛馬座,那個巨大的海怪是鯨魚座。

因為這些成員都和王室有關,這些星座還統稱為王族星座。

▌觀測指南 1

天大將軍星

仙女腳部的亮星叫天大將軍一,肉眼看是 2 等的橙黃色星,用小型望遠鏡可以看到它由一亮一暗兩顆恆星組成,伴星亮度為 5 等。這顆伴星的顏色經常變化,常在黃色、金色、青色、橙色、藍色間變換,人們稱它是「天界第一美星」,它其實也是一對雙星。

▌觀測指南 2

仙女座大星系 M31

你的肉眼最遠能看多遠?答案是,至少 250 萬光年。這可能會讓你震驚,但做到這一點也不難,你只需要向仙女座瞥去一眼。

仙女座三星中間的那顆星叫奎宿九,在它旁邊,有一個肉眼可見的雲霧狀天體,叫仙女座大星雲,M31,這是一個遙遠而龐大的河外星系,比銀河系大很多,直徑 22 萬光年,大約有 3,000 億顆恆星。

這是非常值得欣賞的一個目標,這個小小的雲霧狀斑點能夠把你的視線帶進 250 萬光年的宇宙深處,或者是 250 萬年前。你今天看到來自它的光線,已經在太空奔波了 250 萬年。(圖見下面)

仙女座河外星系 M31 M31：Robert Gendler

天文小知識 1

衝出銀河系的第一站

西元 18 世紀中期，德國有一個叫康德的哲學家，喜歡在一條林蔭小道上漫步，一邊漫步，一邊思考宇宙的奧祕。他領悟到，我們在夜空看到的恆星，都應該屬於銀河系。銀河系雖然巨大，也不是宇宙的全部，星空裡一些看起來是雲霧狀的天體很可能是像銀河系一樣的巨大恆星集團，它們分布在浩瀚的宇宙太空裡，就像大海裡的一個個島嶼 —— 宇宙島，也就是河外星系。

到 20 世紀初的時候，天文學家們的看法依然分成兩派，一派觀點像康德，另一派則認為銀河系就是整個宇宙。為了搞清楚真相，1920 年 4 月，天文界泰斗海爾（George Hale）舉辦了一場有關「宇宙的大小」的大辯論。

大辯論有兩位天文學家參加，一個是沙普利（Harlow Shapley），來自威爾遜山天文臺，他剛剛建立起一個宏偉的銀河系模型，並豪邁地宣稱，銀河系就是全部宇宙。另一方是柯蒂斯（Heber Curtis），來自利克天文臺，同時是一位優秀的演說家，他反對沙普利的觀點，認為銀河系只是無數宇宙島之一。

辯論的重點就是，M31 是在銀河系內，還是在銀河系外。

辯論雖然精彩，但誰也沒有說服誰，直到 4 年之後，才有了最終答案。

哈伯利用威爾遜山的 100 英寸望遠鏡觀測仙女座大星雲 M31，在裡面找到了幾顆造父變星，利用這幾顆造父變星，哈伯成功測定了 M31 到地球的距離，非常遠，確定在銀河系之外，人類對宇宙的認識又一次大大小知識。

英仙

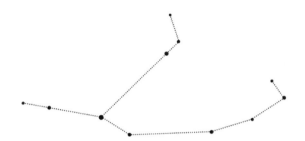

星空故事 1

不幸的預言

　　從仙女座繼續向東北方向延伸，在仙女的腳下，是英仙座 —— 珀修斯。

　　珀修斯救下了安朵美達，兩人結了婚，生活十分幸福。一年後他們辭別國王和王后，回到珀修斯的家鄉阿爾戈斯。國王阿克里西俄斯（Acrisius）是珀修斯的外祖父，一看到珀修斯回來，顯得慌張沮喪。原來早在二十多年前，阿克里西俄斯得到一個預言，說自己將死於外孫之手。阿克里西俄斯越想越害怕，就躲到另外一個國家去了。

　　一天，這個國家舉行盛大的體育競賽，阿克里西俄斯坐在國王的身邊觀看比賽。珀修斯是一個體育愛好者，也參加了比賽，到擲鐵餅時，珀修斯用力擲出了鐵餅，鐵餅遠遠地飛出去，竟然飛到看臺上，不偏不倚，恰好擊中坐在國王身邊的阿克里西俄斯頭上，老國王果然死在了自己外孫手上！

　　這場意外讓珀修斯十分悲傷，他安葬了外祖父，登基成了國王。

星空故事 2

帝王的陵墓

在英仙座裡，珀修斯右手拿著盾牌，左手拿著魔女梅杜莎的頭，梅杜莎還會眨眼睛呢。

原來，梅杜莎一隻眼睛的星叫大陵五，這是一顆非常奇怪的星 —— 它的亮度會週期性變化，就像魔女在眨眼睛。

大陵，在古代代表帝王的陵墓，大陵五是其中最亮的一顆星。古代星象家們把帝王陵墓設在這裡，就是因為大陵五的亮度會變化，容易讓人聯想到陵墓中忽明忽暗的鬼氣。

古代占星家很注重對積屍氣的觀察，如果積屍氣明亮，則因戰爭、飢餓、疾病等原因造成的屍體會相對多，社會一定會動盪不安；如果積屍氣暗弱，則死喪少，社會也就相對安定。

觀測指南 1

大陵五

大陵五的亮度會週期性發生變化，最亮 2.1 等，最暗 3.4 等，週期為兩天零二十一小時。

首先揭開大陵五亮度變化之謎的，是一位年少的聾啞天文學家，名叫古德利克（John Goodricke）。古德利克西元 1764 年出生在荷蘭，幼年的一場重病使他變得又聾又啞。

17 歲時，古德利克開始對大陵五進行仔細觀測和研究，19 歲向英國皇家學會提交了一篇論文 ——〈關於魔星光變週期的觀測和發現〉，大膽提出有顆暗星與大陵五相互繞轉，週期性地相互掩食，所以亮度發生有規律的變化。

像大陵五這樣因為相互掩食而引起亮度變化的星，叫做「食變星」，或「食雙星」。

觀測指南 2

英仙座雙星團

英仙星座的西北部，靠近仙后座處，有兩個疏散星團，編號分別為 NGC 869、NGC 884，距離地球約 7,300 光年，肉眼可見，用雙筒望遠鏡或小型望遠鏡能看得很清楚，兩者都跟滿月大小差不多。

英仙座雙星團：F. Antonucci, M. Angelini, & F. Tagliani, ADARA Astrobrallo

觀測指南 3

英仙座流星雨

　　英仙座流星雨與象限儀座流星雨、雙子座流星雨並稱為年度三大流星雨。它於每年 7 月 20 日至 8 月 20 日前後出現，8 月 13 日達到高潮。

　　相比於 1 月初的象限儀座流星雨、12 月中旬的雙子座流星雨，8 月中旬爆發的英仙座流星雨，所處的夜晚氣溫更舒適，非常適合觀測，可以說是全年三大週期性流星雨之首，備受全球天文愛好者、流星雨迷的推崇。

　　觀測英仙座流星雨其實非常簡單，只要找一處空曠而黑暗的地點，肉眼朝東北方向及天頂觀看即可。請注意，觀測流星雨只需肉眼，望遠鏡是沒有用的，望遠鏡一般只用於固定的點狀目標。

仙后

　　緊靠著仙女身邊的，是仙女的媽媽 —— 仙后，這個愛美的皇后在天上還不停地照著鏡子。

　　仙后座裡有五顆較亮的星，組成了英文字母「W」的形狀，這是星空裡一個非常醒目的標誌。這五顆星分別是：王良一、王良四、策、閣道二、閣道三，這些星都和駕馬車有關，王良是車夫，策是策馬揚鞭，閣道是天帝出行的道路。

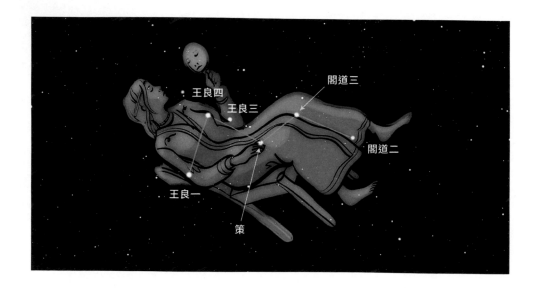

星空故事 1

弼馬溫王良

　　王良是春秋時期晉國著名的駕車手，為晉國大夫趙襄子駕車。趙襄子對駕車也很有興趣，要向王良學習。學了一段時間，趙襄子覺得差不多了，就迫不及待地要與王良比賽，結果比了三場都輸了。趙襄子就抱怨王良說：「我誠心誠意地向你學駕車技術，可你並沒有把你的技術全部都傳授給我呀！」

　　王良說：「我毫無保留地把技術全部奉獻給了您，但您還不能恰當地運用它。駕車最重要的是把心專注在馬和車上，全心全意地去協調馬和車，使之達到合一的境地。可是當您落在後面的時候，一心要超過我，不停地揚鞭策馬；跑在前面的時候，又唯恐被我追上，總是回頭偷看，這樣怎麼能夠專心致志地駕馭呢？」趙襄子聽後心悅誠服，技術很快有了進步。

　　傳說王良死後，被天帝選為馬神 —— 弼馬溫，成為天帝的御用車夫之

一。王良駕著馬車，靜靜地守候在閣道旁邊。居住在紫微垣裡的天子出來後，就可以乘上王良的馬車，沿著閣道跨越銀河，向南方的太微垣而去。

因為王良是主管天馬的星，如果這些星星有什麼異常動向，就意味著天馬出動。天馬出動，地上就意味著戰爭開啟。所以古代占星家們透過觀察王良眾星，來預言地上的戰爭。

現代天文學家們發現，王良一、策、閣道三都是亮度會變化的星。王良一是由於自身體積的脹縮導致光度變化；策是透過爆發導致亮度變化；閣道三是因為雙星相互繞轉遮擋導致光變。

觀測指南 1

從仙后「W」找北極星

仙后座的「W」和北斗七星隔著北極星遙遙相對，當秋天夜晚仙后座升到高空的時候，北斗七星的位置就很低了，不易觀察，這時候就可以用仙后的「W」來找北極星，「W」中央的尖部就指向北極星，這是秋夜尋找北極星的基本方法。

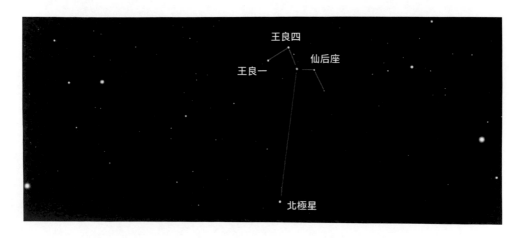

星空故事 2

仙后座裡的新星

西元 1572 年 11 月 11 日，傍晚時分，丹麥的一條小路上，貴族天文學家第谷（Tycho Brahe）在悠閒地散步。出於天文學家的習慣，第谷一邊走，一邊眺望著天上的星星。

突然，第谷怔在了那裡，如同雕塑一般看著天空。

夜空裡忽然出現了一顆非常明亮的星，那一閃而過的光芒刺激了第谷的眼睛。第谷長時間凝視那裡，是的，那裡的的確有一顆明亮的星，就在明亮的仙后「W」附近，而那裡本來是沒有這顆星的。

難道是幻覺嗎？第谷感到極其難以置信，他轉向陪同的傭人，問他們是否也看到了這顆星，他們馬上異口同聲地說確實看到了它，而且它很亮。

第谷仍然不敢相信，路邊有人從第谷身旁走過，第谷連忙叫住，問他是否也看到了這顆星，那人在第谷的提示下抬頭看了看天空，立即激動地大聲說看到了那顆明亮的星星。第谷接連詢問了好幾個路人，他們都堅定地回答是。

第谷終於確信，天空真地出現了一顆新星。由於第谷最先觀察並記錄下這顆新星，它就稱為第谷新星。

天文小知識 1

宇宙太空的超級核爆

第谷新星實際上是一顆超新星，一顆恆星爆炸了。

這顆恆星本來是一顆白矮星，白矮星是密度非常大的星球，它有一個質量上限 —— 1.4 倍太陽質量。當白矮星的質量逼近這個極限時，整個星球就可能像一顆超級核彈般爆炸，形成一顆熱核超新星。

這顆核彈很厲害。在地球上，一顆百萬噸級的氫彈，可以輕易抹去一座城市，它的核材料只不過幾公斤而已。

一顆熱核超新星，質量是 1.4 倍太陽，太陽質量是地球的 33 萬倍，地球質量又是 60 兆億噸，你能想像出來這顆超級核彈威力有多大嗎？

那顆白矮星的質量為什麼會增加呢？它有一個非常近的伴侶恆星，相距只有 1,000 萬公里，不到日地距離的十分之一，5 天就相互繞轉一圈。白矮星不停地從這個伴侶身上吸取物質，導致自身質量慢慢長大，最終逼近了質量極限，引發失控的核融合反應，爆炸了。

爆炸很猛烈，而且距離很近，但這個伴星並沒有被摧毀，只是被剝離了一小部分物質。對於生命來說，稍微大一點的能量就是毀滅性的，但恆星遠比血肉之軀頑強得多。

熱核超新星雖然威力巨大，但很遙遠。第谷超新星距離地球 12,000 光年，當西元 1572 年第谷看到這顆超新星的時候，它其實在 12,000 年前已經爆炸了。它的光芒在太空以每秒 30 萬公里的速度行進了 12,000 年之後，才在西元 1572 年 11 月 11 日晚上到達了第谷的眼中。

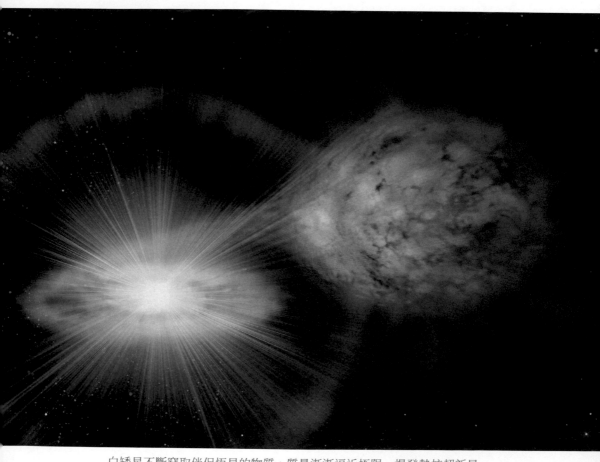

白矮星不斷竊取伴侶恆星的物質，質量漸漸逼近極限，爆發熱核超新星。
白矮星吸積爆發，圖片來自：www.astroart.org

仙王

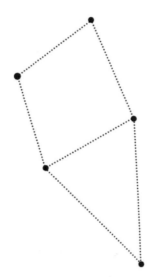

■ 星空故事 1

造父傳奇

　　仙后座東邊緊靠著的是她的老公仙王座，星座的輪廓很清晰，5顆不太亮的星組成一個尖尖的五邊形，就像一個削尖的鉛筆頭。五邊形底部有一顆星叫造父二。造父出生於御馬世家，是一個和王良一樣的御馬大師。造父把自己馴養出的千里馬獻給周穆王，穆王就封他為御馬官，為自己駕車巡行四方。

　　一天，造父駕馭著八匹駿馬，拉著周穆王西遊，很快便到了西方的崑崙仙境。仙境的西王母娘娘見到周天子來訪，非常高興，在崑崙之巔的瑤

池設宴招待周穆王。周穆王與西王母作歌唱和,竟然樂而忘返,一晃過去了三天時間。俗話說「仙境一日,地上一年」,周穆王竟然三年沒有返回!於是天下大亂,有人乘機造反了。

　　周穆王在瑤池宴樂的時候,造父很著急,就放出一匹千里馬,讓牠回京城報信。這匹馬在途中遇到了尋找周穆王的侍衛隊,很快引他們到了瑤池。周穆王這才知道天下大亂,急忙向西王母告別。西王母有些不捨,就作了一首歌約穆王瑤池再會:

> 白雲在天,山陵自出。
>
> 道裡悠遠,山川間之。
>
> 將子毋死,尚能復來?

　　穆王作歌回答,約定三年後重來相會。然後命造父駕車,立即返回。八匹駿馬日行三萬里,很快就回到京城,叛亂也很快平息下去。

　　造父由於駕車有功,周穆王將山西的趙城賞賜給他。造父的後人以趙城為根據地發展起來,幾百年後成為強大的趙國 —— 戰國七雄之一。

　　然而人生無常,不知何故周穆王竟失約了。西王母常常在瑤池上推開

雕花的窗戶向東眺望，期待周穆王馳騁而來的八駿，結果始終沒有見到，卻聽到了悽慘哀傷的黃竹歌聲，這是周穆王在黃竹的路上看到有人挨餓受凍時所作的哀憐詩。西王母心中不免有些埋怨：穆王啊穆王，你的八匹駿馬一天可以飛馳三萬里，卻為什麼不來瑤池重相會呢？李商隱聯想至此，於是作〈瑤池〉一首：

> 瑤池阿母綺窗開，黃竹歌聲動地哀。
>
> 八駿日行三萬里，穆王何事不重來？

現在，造父星在天文界聲名顯赫，這是因為造父一是一顆極為重要的變星。

星空故事 2

聾啞少年迷上了造父一

西元 1784 年深秋的夜晚，20 歲的聾啞人古德利克深深迷上了造父一。古德利克注意到，這顆星的亮度在緩慢發生變化，它是一顆變星。

造父一便於觀察，因為它靠近北天極，終年不落。每一個晴夜，古德利克都仔細地盯著造父一，記錄下它每一絲微弱的星光變化。造父一的亮度變化很有規律，從最亮時開始緩慢變暗，約 4 天後亮度下降一半達到最暗，接著開始變亮，速度比變暗過程快很多，只要 1 天多就達到最亮。經過 100 多次觀察，古德利克非常精確地測定了造父一的光變週期——5.3663 天，這和現代的光電儀器測定結果非常接近。

因為這個成果，古德利克成為英國皇家學會歷史上最年輕的會員。不幸的是，由於在夜裡觀測受寒，古德利克得了肺炎，於西元 1786 年 4 月 20 日病逝，猶如一顆流星般閃耀著離開世界。

後來天文學家們發現了很多類似造父一的變星，它們都統稱為「造父變星」。造父變星光變週期各不相同，在 1 ～ 50 天之間，但每顆星的光變週期都非常準確，可以和鐘錶媲美。

▌觀測指南 1

造父一

在夜空裡找到仙王五邊形，找到它角落的造父二，再找到造父一，觀察這顆 4 等暗星，品味造父的故事。

▌天文小知識 1

造父變星亮度變化的祕密

造父變星的亮度為什麼會變化呢？

美國的沙普利最早領悟到它的實質。造父變星都是明亮的黃色超巨星，體積膨脹得很大，正在步入老年，星體開始一脹一縮地脈動，星體膨脹和收縮的時候，就引起了亮度的增加和減少。

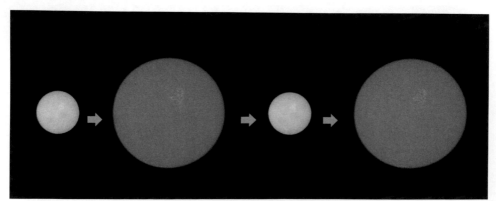

造父變星體積脈動造成亮度變化

天文小知識 2

一把巨大的量天尺

　　哈佛大學在南半球的祕魯有一個天文臺，拍攝了許多大麥哲倫星系和小麥哲倫星系的照片。天文學家們對同一個目標拍攝很多張照片，就是想比較一下，照片上的星星會有什麼變化。如果有變化，通常來說都是極微小的，這項工作要多枯燥有多枯燥，勒維特（Henrietta Leavitt）做的就是這工作。

　　勒維特細心地檢視一張張照片，結果真的有問題。她發現，這兩個星系裡有 1,000 多顆星亮度會變化，它們時顯時隱閃爍不定，好像整整一窩螢火蟲。不同的變星有著不同的光變週期規律，勒維特研究每顆變星的光變週期，確認小麥哲倫星系的變星中有 25 顆是造父變星。這 25 顆造父變星有亮有暗，光變週期有長有短，經過比對，勒維特發現了一個非常簡單的規律：

　　亮的造父變星光變週期長，暗的造父變星光變週期短。

　　因為這 25 顆造父變星都位於遙遠的小麥哲倫星系中，它們與地球的距離可以看作是近似相等的。由此可以簡單地推知：那些看起來亮的造父變星，它們本身的亮度就大，看起來暗的星本身的亮度就暗，於是在 1912 年，勒維特就發現了造父變星的週期與光度關係：

　　造父變星的光變週期越長，光度就越大。

　　這個關係的最重大意義就是，可以利用造父變星的光變週期，來確定它的真實亮度，知道了真實亮度，就容易確定距離了。比如，兩顆看起來亮度相同的造父變星，其中一顆的光變週期是另一顆的 4 倍，就可以知道前者的真實亮度是後者的 4 倍，從而得出前者的距離是後者的 2 倍，（恆星

距離變成 2 倍，亮度減弱到 1/4）。利用這把威力巨大的量天尺，天文學家
們漸漸開啟了通向宇宙深處的大門。

雙魚

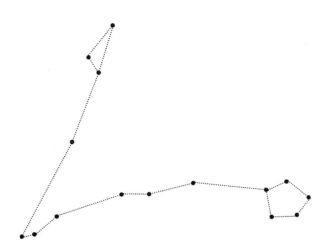

▌星空故事 1

愛神母子歷險記

　　飛馬四邊形東南角，有兩串黯淡的星星，組成一個「V」字形，「V」字的開口正好對著四邊形的東南角，這兩串星星就是雙魚星座。

　　傳說有一天，女神維納斯和她的兒子小愛神邱比特在幼發拉底河邊散步，突然有一個噴火巨人向他們奔襲而來，維納斯知道打不過這個巨人，急中生智將自己和兒子變成兩條魚，從大河中逃走了。為了防止失散，維納斯還把兒子和自己綁在一起。

▌觀測指南 1

雙魚的小環

雙魚座的星星都很黯淡。

★ 飛馬四邊形南部，由七顆小星星組成一個小環，叫南魚，代表著維納斯。

★ 飛馬四邊形東部，有幾顆小星星組成一個小環，叫北魚，代表著邱比特。

在星空裡看到雙魚座並不容易，秋天或冬天的夜晚，你可以試著從飛馬四邊形尋找雙魚座，找到那兩條魚。

寶瓶

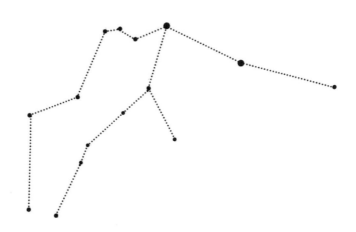

星空故事 1

斟酒的美侍

雙魚座的西邊是寶瓶座，俗稱水瓶座。

奧林匹斯的眾神經常在宙斯宮中舉行盛大酒宴，宙斯的女兒赫柏（Hebe）就擔任侍者提著寶瓶為眾神新增瓊漿玉液，後來赫柏長大出嫁了，宙斯便想到人間去找一個合適的人來代替女兒，於是化作一隻大鷹盤旋下來。

在一個山坡上，一群夥伴在玩耍，其中一個少年非常俊美，宙斯便降落到他身邊。這個少年叫蓋尼米德（Ganymede），是國王的愛子，他看到一隻大鷹突然降落到自己身邊，樣子十分可愛，溫順善良，便高興地與大鷹玩耍起來，越玩越高興，竟然騎到了大鷹的背上。

　　大鷹載著蓋尼米德展翅飛翔，在天上盤旋了幾圈之後，一下子飛走了，再也沒有回來。宙斯把蓋尼米德帶到了奧林匹斯山，讓他在宴席間為眾神斟酒倒水，所以寶瓶星座的形象是一個少年手持一個寶瓶在傾倒。

　　大約 5,000 年前，每當太陽進入寶瓶座，西亞北非一帶的雨季就開始了，所以那裡的人們把寶瓶那一群恆星視作天上的「水罐」。蘇美人稱它為暴雨之神拉曼的星座，他們相信那個「水罐」是幼發拉底河和底格里斯河的源泉。同樣，古埃及人也相信天神每年要先裝滿天上的那個「水罐」，然後再將罐中之水傾入尼羅河，成為埃及人民賴以生存的水源。

▌星空故事 2

請把望遠鏡對準寶瓶座內

100 多年前，在寶瓶座內有一個轟動世界的發現。

西元 1781 年英國天文學家赫歇爾（William Herschel）發現天王星後，人們又發現它在軌道上不停地跳著「搖擺舞」—— 實際觀察到的位置與利用牛頓萬有引力定律計算的理論位置，總是不能吻合。有人懷疑牛頓力學可能錯了，也有人猜想，在天王星軌道外可能還隱藏著一個未知的行星在吸引著它。可是如何發現這顆未知的行星呢？它的亮度肯定很暗弱，如果用望遠鏡盲目尋找，簡直如同大海撈針。如果先計算出它的位置，再找起來就會容易得多。可是這個計算太複雜了，絕大多數人都望而生畏，英國劍橋大學 23 歲的學生亞當斯（John Adams）站了出來。經過兩年的思考和計算，他終於把這顆「天」外行星的軌道計算出來。亞當斯興沖沖地把他的結果通知了英國的幾位天文學家，請求他們協助證實。遺憾的是，這些天文學家對這個無名小輩的計算結果並沒有給予重視。

在亞當斯計算的同時，法國青年天文學家勒威耶（Urbain Le Verrier）也在獨立地進行這項計算。西元 1846 年 9 月 23 日，勒威耶把計算結果寄給德國柏林天文臺臺長伽勒（Johann Galle），信中寫道：

「請您把望遠鏡對準黃道上的寶瓶座，在經度 326 度處 1 度範圍內，你將會找到這顆新行星，亮度將近 9 等。」

伽勒接到勒威耶的來信，當天夜裡便把他的望遠鏡指向了寶瓶座內，僅用了不到半個小時，伽勒就發現了那顆神祕的未知行星。它發出淡藍的顏色，人們就用羅馬神話中大海之神涅普頓的名字來稱呼它，叫做海王星。

　　海王星是先由兩位年輕人用筆在紙上計算「發現」的，所以人們也把海王星稱為「筆尖下發現的行星」。這是人類智慧的結晶，生動地證明了科學預言的巨大威力。

　　（圖見下面）

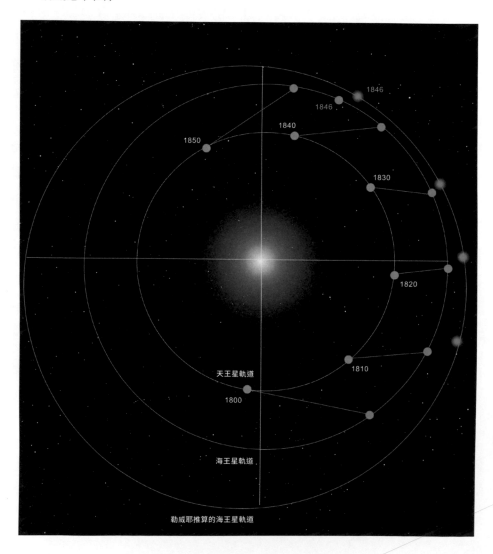

勒威耶推算的海王星軌道

▌天體鑑賞 1

上帝之眼

　　寶瓶座裡有一個編號為 NGC 7293 的星雲，也稱為螺旋星雲，是一個行星狀星雲，距地球約 650 光年。它是最接近地球的行星狀星雲之一，直徑約 5 光年。螺旋星雲曾經被稱為「上帝之眼」，而在 2003 年的電影「魔戒三部曲」風靡全球之後，它在網路上就被稱為「索倫之眼」。

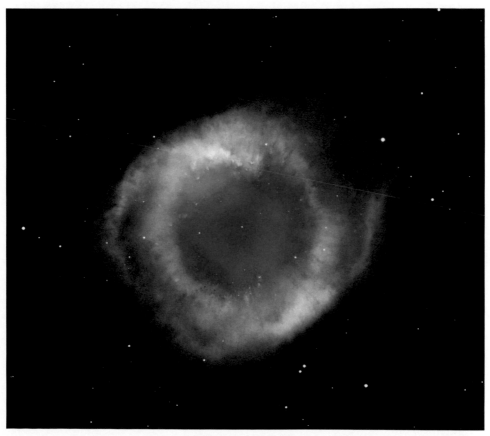

圖片來自 NASA/ESO

摩羯

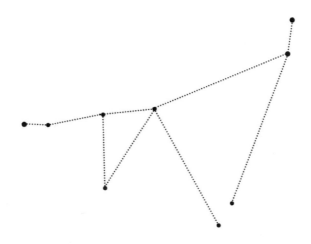

星空故事 1

羊頭魚身的怪物

　　寶瓶座的西邊是摩羯星座，形如一個尖端朝下的倒三角形，他是古希臘神話傳說中一個半羊半魚的怪樣子，二十八宿中牛宿就是他的頭。

　　傳說山林之神潘（Pan）是信使荷米斯的兒子，愛好音樂，經常用自己製作的蘆笛，吹奏出美妙動聽的樂曲。有一次，眾天神在尼羅河畔舉行宴會，潘又吹起蘆笛為之助興，這時突然出現一隻可怕的半人半蛇的惡魔，眾神紛紛化身逃去。正在演奏的潘也想化身成為一條魚逃走，但因為過於驚慌，無法控制自己，結果他在水下的部分變成魚形，水上部分卻變成了羊的形狀。

觀測指南 1

神仙之門

　　摩羯座的星組成一個倒三角形結構，在黑暗的夜晚不難辨別。對於天文愛好者來說，摩羯座沒有多少有趣的星體。

　　摩羯的那個倒三角形很值得欣賞，古代中東人將其稱為「神仙之門」，認為從地上各種名利是非解脫出來的人，其靈魂就可以透過此門登上天國。

鯨魚和南魚

▌星空故事 1

天上的糧倉

從飛馬四邊形往南，是兩條魚 —— 鯨魚座和南魚座。鯨魚就是海神波賽頓派來吞吃公主安朵美達的海怪，南魚是維納斯的另一個化身。

在古人眼裡，鯨魚座附近的一大片星空是天上的倉庫。

鯨魚頭部有天囷（ㄑㄩㄣ）星，天囷是指穀倉，也泛指糧倉。鯨魚尾部又有天倉星，天倉也是倉庫，它們的區別在於外形，囷為圓形的，倉是方形的。

鯨魚脖子處有芻藁（ㄍㄠˇ）星，芻藁是茼蒿中的一種，可作馬的飼料。鯨魚尾部的二等亮星 —— 土司空，即為掌管倉庫的官員。

星空故事 2

北方的戰場

在古人眼裡，南魚和寶瓶這一片星空，是一個巨大的軍事基地，北落師門就是這個軍事基地的大門。

對於古代統治者來說，抵禦外來入侵是頭等大事。入侵主要來自三個方向 —— 南方的苗蠻、北方的北夷、西北方的戎狄，所以古代星空裡，也有三大軍事基地，對應著這三個方向。

北落師門這個軍事基地在玄武七宿附近；玄武象徵北方，所以這個軍事基地用作對付北夷少數民族；基地的軍門叫北落師門。

飛馬四邊形

天囷一

芻藁增二
天倉二

土司空

北落師門

北
東 ← → 西
南

▌觀測指南 1

土司空和北落師門

秋夜的南天裡，亮星稀少，南魚座的一等亮星北落師門和鯨魚座的二等亮星土司空顯得很醒目，它們分別對應著飛馬四邊形西邊和東邊的兩條邊。

▌觀測指南 2

芻藁增二

芻藁增二被稱為「鯨魚怪星」，是天空中最著名的幾個變星之一。它最亮可以達到 2 等，和土司空一樣亮，最暗只有 10 等，肉眼根本看不見。

芻藁增二實際上是一個雙星系統，由兩顆質量接近太陽的恆星組成：其中一顆是白矮星，另一顆是紅巨星，它們相互圍繞著對方作軌道運動。

肉眼看到的芻藁增二是雙星中的紅巨星，芻藁增二的亮度變化也來自於它。這顆紅巨星的體積有時候會脹大，有時候會縮小，週期約 11 個月，亮度因此而改變，和造父變星的機制有些類似。

位於智利沙漠中的 ALMA 望遠鏡拍攝並經過影像處理的芻藁增二，右方是芻藁增二 A，即紅巨星；左邊是芻藁增二 B，即白矮星。

芻藁增二B

芻藁增二A

天體鑑賞 1

標準的棒旋星系

鯨魚座的 NGC 1073，是一個非常標準的棒旋星系，正好以正面對著我們，清晰地展現出了它的中央棒狀核心和外圍的旋臂。此圖片為哈伯太空望遠鏡拍攝。

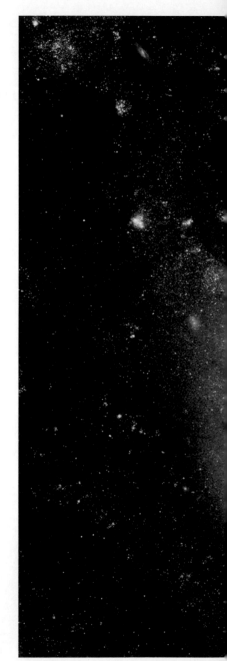

圖片來自 NASA/ESO

第六部分
冬夜星空

1 月 15 日：22 點；

2 月 15 日：20 點。

恆星每天比前一天提前約四分鐘升起，造成同一位置。

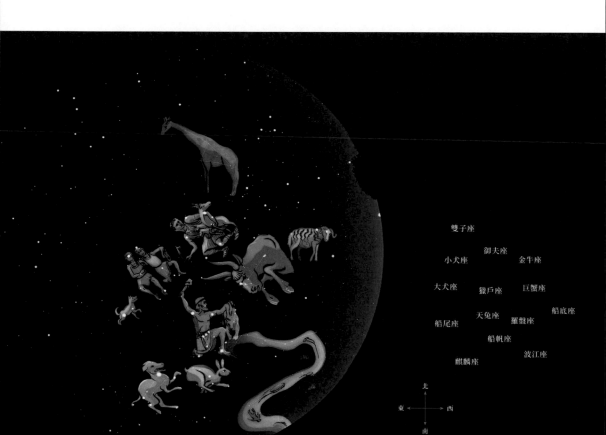

雙子座

御夫座　金牛座

小犬座　　　　　金牛座

大犬座　獵戶座　巨蟹座

　　　　天兔座　　　　船底座

船尾座　　　　羅盤座

　　　　　船帆座

　　　　　　　波江座

麒麟座

北
東 ←→ 西
南

獵戶

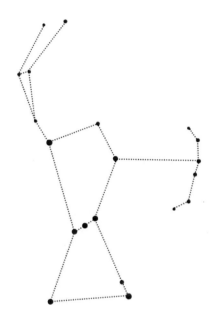

星空故事 1

阿波羅的毒計

　　冬天傍晚，天寒地凍，一位勇敢的獵人悄悄從東方天空升起來，很快占據了星空舞臺中央。這位獵人神采弈弈，光輝奪目，他就是全天最明亮的星座 —— 獵戶座。

　　獵戶座很容易分辨，裡面有七顆亮星，上面兩顆是獵人的雙肩，下面兩顆是獵人的雙腿，中間三顆星等距離排成一條直線，那是獵人的腰帶。

獵人面向西方，左手拿著獅皮盾牌，右手高舉著大棒，準備隨時迎擊來自西方的凶猛動物。

這位獵人來歷不凡，他叫奧利恩（Orion），有一個很厲害的爸爸——海神波賽頓。身為海神的兒子，奧利恩擁有一種神奇的本領，可以在海上行走，就像走在平地上一樣自如。但是奧利恩不喜歡待在海裡，他跑到山裡當了一名獵人。

山裡一位大美女吸引了奧利恩，這位大美女是月亮女神阿提米絲，月亮女神不但貌美，同時也是狩獵女神，因為彎彎的月亮很像是一把弓。

阿提米絲很欣賞英俊威武的奧利恩，兩個人常常一起打獵，在山間奔跑遊戲，感情日漸深厚，阿提米絲最後決定嫁給獵人做妻子。

阿提米絲的哥哥是太陽神阿波羅，他看不起獵人奧利恩，想把兩人拆開，可是阿提米絲根本不聽，阿波羅很生氣，他決定使出陰招。

一天，奧利恩施展異能在水中行走，身體浸沒在蔚藍色的海水裡，只有頭部露出水面，遠遠看去只是一個小黑點。剛巧阿波羅和阿提米絲正飛越大海，阿波羅眼力非常好，一下認出在海面上那個小黑點是奧利恩，他知道妹妹的視力不好，月亮女神嘛，總是昏昏暗暗的，於是眉頭一皺，想了一計。

阿波羅停下來對阿提米絲說：「親愛的妹妹，妳是狩獵女神，都說妳箭法高明。妳看，海面上有一個小黑點，妳如果能一箭射中它，我就真佩服妳。」

阿提米絲感覺阿波羅語帶嘲諷，開始有點生氣，立即抽出一枝利箭，瞄準海面上的小黑點，拉滿弓弦，「嗖」的一聲把箭射出去，那箭不偏不倚，正中小黑點，小黑點頓時停止了移動。

阿波羅假裝吃驚的樣子說：「妹妹真是厲害，哥哥我實在佩服至極！」說著詭異一笑，化作一道金光趕快跑了。

　　阿提米絲感覺有些不對勁，會不會中了阿波羅的計？她降下雲端，想看看那個小黑點到底是什麼。不看則已，一看立即悲痛欲絕，自己的利箭正牢牢地插在愛人奧利恩的頭上！

　　為了安撫阿提米絲，宙斯就把奧利恩提升到天界，置他於群星之中最耀眼的地方，成為獵戶座。

觀測指南 1

獵戶座裡的明亮大星

★ 紅色巨星參宿四

獵人右肩的亮星叫參宿四，它是全天第 10 亮的恆星，質量大約是太陽的 20 倍，光度約是太陽的 10 萬倍，距離地球約 500 光年。

參宿四顏色稍微發紅，是一顆紅色超巨星，體積大約是太陽的 10 億倍。如果把參宿四放在太陽的位置上，它的邊緣就快接近木星的軌道。

在夜空裡找到獵戶座，找到右肩的那顆亮星，仰望著它，能看出它微微發紅的顏色嗎？想像一下它的體積，10 億個太陽那麼大，要知道，一個太陽的體積是地球的 130 萬倍呢，那顆小星星該有多大！

500 光年的距離，意味著它發出的光以每秒 30 萬公里的速度行進，照射到地球也需要 500 年時間！你今天看到的參宿四，它的光芒是在 500 年前的明朝發出的！

★ 藍色巨星參宿七

獵人左腿的亮星叫參宿七，它比參宿四更亮，它是全天第七亮的恆星，體積是太陽的好幾十萬倍，雖然比參宿四小得多，但它的溫度要高得多。參宿四表面溫度只有 3,000 多度，所以發出紅色的光芒，參宿七表面溫度有一萬多度，它發出藍色的光芒，是一顆藍色超巨星，其光度大約是太陽的 12 萬倍，距離地球 860 光年。

在夜空裡找到獵戶座，找到參宿七，像仰望參宿四那樣思考。仰望著它，你能看出它微微泛藍的顏色嗎？想像一下它的個頭，它的真實亮度。860 光年的距離，意味著它發出的光以每秒 30 萬公里的速度行進，照射到地球也需要 860 年時間！你今天看到的參宿七，它的光芒來自 860 年前，宋朝！

體會一下，宇宙太空是多麼浩瀚。

星空故事 2

三星在天

3,000 年前一個冬天的晚上，天氣寒冷而晴朗，一個小院落裡洋溢著熱烈的氣氛，院子中間豎立著一捆用紅布捆著的柴禾，人們喜氣洋洋地唱道：

綢繆束薪，三星在天；

今夕何夕，見此良人？

子兮子兮，如此良人何？

這首記載在《詩經》裡的詩白話文大致是：地上紅布捆柴禾，天上三星高高照。今晚是什麼好日子，見到妳的好夫君？新娘子啊新娘子，妳該如何待夫君？

原來這是一個婚禮的場面。詩中描述的三星，就是獵戶腰帶的三星，它是星空裡一個非常醒目的標誌，過去的人們對這三顆星相當熟悉，民間就有這樣的諺語：「三星高照，新年來到」、「三星正南，家家過年」，意思是說，當傍晚參宿三星升到正南方的天空時，就是該過年的時候了。

這三顆星，從東到西依次是參宿一、參宿二、參宿三，它們亮度差不多，排成一條直線，無論是誰，看它們一眼就終生難忘。古代民間，人們還把這三顆星看作是吉祥的三個星官，稱為福、祿、壽三星，分別掌管人世間的福報、官運和壽命。一個人運氣好一切順利時，人們會說他三星高照，指的就是這三顆星。

觀測指南 2

三星 —— 恆星中的巨人

三星在天是非常值得仰望的，因為這三顆星都是非常了不起的恆星巨人。

⭐ 參宿一

它看起來是一顆星，實際上是三顆星 —— 分別稱為 A、B、C 三星，僅僅是其中的 A 星，輻射總量就是太陽的 25 萬倍！如果把太陽換成參宿一 A 星，地球瞬間就會變成焦土。

參宿一 A 星之所以這麼屬害，因為它的質量大 —— 太陽的 33 倍，要知道，太陽的質量已經超過了銀河系 95％的恆星，33 倍於太陽質量的恆星絕對是鳳毛麟角，所以它是名副其實不折不扣的超級巨星，是非常罕見的 O 型星。

參宿一的另外兩個成員也都很不簡單。B 星是太陽質量的 19 倍，C 星是太陽質量的 17 倍，它們都是明亮的藍色超巨星，真實光度都是太陽的好多萬倍，用它們中的任何一個替換太陽，地球生命都會在瞬間被消滅。

⭐ 參宿二

這是一顆大質量單星，這一顆星的質量就是太陽的 40 倍，輻射總光度是太陽的 50 萬倍！

★ 參宿三

參宿三也絕非等閒之輩，它也是一個多星系統——共有四顆星，總質量是太陽的65倍，每一個成員都是高溫而明亮的藍色超巨星，其中最大的一顆是非常罕見的O型星。

好在三星與地球的距離比較遙遠，參宿一距離地球817光年，參宿二距離地球約2,000光年，參宿三距離地球916光年，遙遠的距離使這些明亮的巨星在地球上看起來成了溫柔小星。

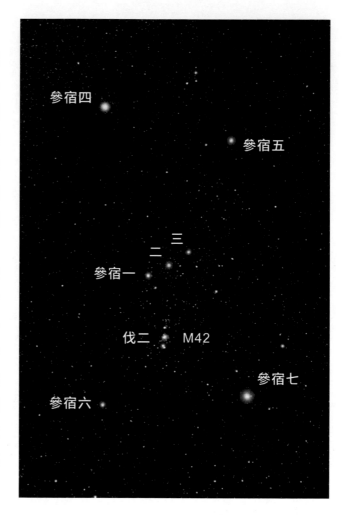

▎星空故事 3

一隻白色大老虎

獵戶座的七顆亮星，又稱為參宿七星，腰帶三顆是參宿一、參宿二、參宿三，雙肩的兩顆是參宿四、參宿五，雙腿的兩顆是參宿六、參宿七。

古代有一首教認星的詩歌，叫〈步天歌〉，裡面有這樣一句：

「參宿七星明燭宵，兩肩兩足三為腰。」

意思是說，參宿的七顆星都像火燭那樣明亮，兩顆星代表雙肩，兩顆星代表雙足，中間三顆是腰。

真是太令人奇怪了，獵戶座是西方人劃定的星座，古代人怎麼知道得那麼清楚呢？

其實，〈步天歌〉裡說的「兩肩兩足三為腰」，指的可不是獵人。在古代人眼裡，參宿七星的形象是一隻凶猛的動物 —— 一隻白色的大老虎。

這是一隻坐著的大老虎，跟獵人幾乎完全重合：獵人的雙肩就是白虎的雙肩，獵人的雙腿就是白虎的雙腿，組成獵人腰帶的三顆星，則是白虎腰上的斑紋。

白虎是星空裡的四大名獸之一，這四大名獸是：

東方蒼龍

西方白虎

南方朱雀

北方玄武

關於白虎，有兩種劃分方法，一種是參宿即白虎，一種是西方七宿 —— 奎、婁、胃、昴、畢、觜、參組成白虎。四大名獸在星空裡環繞一周，和西方的黃道十二宮很相似。

星空故事 4

蕭瑟的殺伐之氣

白虎是凶猛的，所以這一片星空很有殺伐之氣。劉禹錫有一句詩：

鼙鼓夜聞驚朔雁，旌旗曉動拂參星。

形容雄兵出師，鼓聲陣天，驚動棲息的秋雁，透過飄揚的旌旗可以看到拂曉前的參星。這裡，戰場的旌旗與代表白虎的參星連繫在一起，不但增加殺伐氣息，也大大提升了文學意境。如果不懂古代的星空文化，是體會不到這種意境的。

獵戶，或者白虎這一帶的星官，都是和殺伐有關，那是古人在天上建立的一個軍事基地。

獵戶腰帶 —— 參宿三星的南方，又有三顆更小的星，排成一條直線，靠得更近，與參宿三星相垂直，這三顆星在獵戶座裡是獵人腰間佩帶的短劍。有意思的是，古人給它們取的名字也有類似的含義 —— 伐星，殺伐之星。

腰帶的參宿三星是大三星，短劍的伐星是小三星，這兩組星互相垂直，組合在一起，很像一個犁地的犁頭，民間又把這六顆星稱為犁頭星。這種工具過去人們非常熟悉，現在大多數人已經不知道是什麼東西了。

觀測指南 3

伐三星

看看能否找到獵人腰間佩戴的短劍，它在腰帶三星 —— 參宿一、參宿二、參宿三的南方不遠，小一點的三顆星，伐一、伐二、伐三。

這是獵戶座一個非常精彩的地方。

▍觀測指南 4

獵戶座大星雲

伐三星中間的那顆，也就是伐二，肉眼看上去，呈模糊的雲霧狀，因為那裡有一個星雲，叫獵戶座大星雲，又叫 M42。

獵戶座大星雲是北半球最有名的星雲，用小型望遠鏡會觀測得更清楚一些，但不會觀察到顏色，長時間拍攝才會顯出顏色。

M42 形狀猶如一隻展開雙翅的大鳥，直徑約 16 光年，距地球 1,500 光年，它裡面有很多恆星正在孕育形成。（圖見下面）

獵戶座大星雲，M42
M42： Christoph Kaltseis, CEDIC 2017

▍天體鑑賞 1

馬頭星雲

　　參宿一往南不遠，有一個著名的星雲，叫馬頭星雲。普通望遠鏡拍攝的馬頭星雲，是明亮的星雲背景襯托出一個黑暗的馬頭形狀。哈伯太空望遠鏡的紅外光相機拍攝到了它的清晰細節，馬頭星雲位於右上角；在左下方，年輕的熾熱恆星照亮了氣體塵埃，形成明亮的反射星雲 NGC 2023。你能看出馬頭嗎？

馬頭星雲 圖片來自 NASA/ESO

大犬和小犬

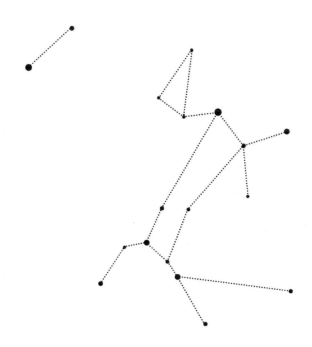

星空故事 1

天狼星人來到了地球？

　　獵人有兩隻獵犬，牠們跟隨著獵人從東方升起，這就是大犬座、小犬座。在春夜星空裡，牧夫也帶著兩隻獵犬，那是獵犬座。

　　大犬座非常好辨認，因為它裡面有一顆非常明亮的恆星 —— 天狼星。天狼星地位顯赫 —— 它是全天最亮的恆星，自古以來就吸引了各民族關注的目光。

1950 年代，兩位法國人類學家在非洲馬利共和國一個與世隔絕的原始部落多貢生活了 20 年之後，在雜誌上發表了多貢老人講述的一個傳說。他們說天狼星由兩顆星組成，一大一小，小星繞著大星轉動，公轉週期是 50 年，他們還說那個伴星是天上最小又最重的星星。

多貢老人的傳說令人震驚，因為他們說的天狼星伴星的知識在西方天文界也是剛被發現。

天狼星的伴星比地球還小，亮度不到天狼星的萬分之一，質量竟然是地球的 35 萬倍！也就是說，它上面一立方公分的小塊物質，質量就有好幾噸！科學家們對此大惑不解，將信將疑。直到 1925 年才最終確認，天狼星的伴星是恆星演化到末期的一種特殊形態，稱為白矮星。

西方科學家們剛剛獲得的宇宙奧祕，非洲原始部落的人們是如何知道的？連文字都沒有的多貢人，為什麼有如此豐富的天文知識？

美國考古學家坦普爾（Robert Temple）決心揭開這個祕密。他沿著法國人的足跡重訪了多貢，並在那裡生活了 8 年，採訪了多貢的老人和祭司，蒐集了許多原始實物，出版了一本《天狼星之謎》。書中繪聲繪色地描述了「天狼星人」駕駛著太空船來到地球的奇聞，這些天狼星人有一個半人半魚的奇怪身體，類似美人魚。正是天狼星人的造訪，才將有關天文知識傳授給了多貢人。

到底有沒有超級智慧的天狼星人呢？

星空故事 2

忠誠的獵犬

天狼星是大犬座最亮的星，大犬叫塞雷斯，是獵人奧利恩的得力助手，每當奧利恩打獵時，牠總是忠心耿耿地保護主人，勇敢抓捕獵物。奧利恩被狩獵女神阿提米絲誤殺而死之後，塞雷斯十分悲傷，整天不吃不喝，只是悲哀地吠叫，最後餓死在主人的房子裡。牠的忠義感動了宙斯，宙斯就把這隻犬升到天上化為大犬座。

為了不使獵戶的大犬西立烏斯（Sirius）在天上感到寂寞，宙斯又找了一隻小狗來與牠作伴，這就是小犬座。如今這兩隻獵犬總是在獵戶奧利恩的後面，時刻準備著撲向前方。

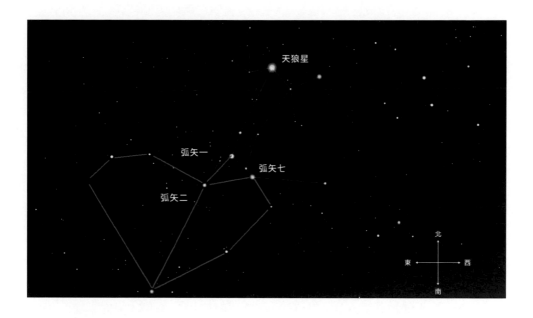

▌星空故事 3

何以西北射天狼

　　在古人眼裡，天狼星的形象顯得有些可怕：那是一匹來自北方的凶猛的狼 —— 代表著經常從北方侵略過來的少數民族。

　　將如此明亮的一顆星定為侵略的胡兵夷將，可見古代面臨的北方外患是多麼嚴重。

　　蘇東坡〈江城子·密州出獵〉就提到這顆星：「會挽雕弓如滿月，西北望，射天狼。」描述的就是那時的嚴峻形勢。

　　天狼星位於南方天空，它是從東南方升起，向西南方落下，永遠也不可能跑到西北方向，蘇東坡卻要望向西北去射天狼，難道是醉醺醺不辨南北？

這首詩描繪的其實是天上的圖景。在天狼星的東南不遠處，大犬座的後半部，有古人設定的弧矢星官，那是一把拉滿弦的大弓，弓上搭著一隻箭，瞄向西北方向的天狼，使其不敢輕舉妄動。蘇軾這句詩的意境昇華了：他想像自己升上了天空，手握弧矢星這把大弓，對準前方（西北方）的天狼，要射落牠。

▌觀測指南 1

天狼星

在夜空裡找到天狼星，這並不難 —— 它是最亮的恆星，在眾星之中引人注目。

天狼星距離地球 8.6 光年，它的光芒照射到地球需要 8.6 年時間，你今天看到的天狼星光芒來自 8.6 年前，這些光芒發出的時候你是多大年齡？

仰望天狼星，想像它旁邊那顆看不見的伴星，它上面一個手指頭大小的物質，質量有幾噸，這是多大的密度？

找到射天狼的那把弓，也就是大犬星座的後半身，想像自己像蘇東坡詩中寫的那樣，升上天空，手握大弓，來一次天上的射天狼。

▌觀測指南 2

地球夜空裡空前絕後的最亮恆星

大犬座後腿部，有大犬座的第二亮星 —— 弧矢七，這也是一顆非常值得欣賞的恆星。

弧矢七是雙星系統，距離地球約 405 光年，主星是一顆藍白色的巨星，表面溫度為 22,300K，總輻射能量則達太陽的 3 萬多倍。

　　在幾百萬年以前，弧矢七的位置比現在更接近太陽，也是夜空中一顆更為明亮的恆星。大約在 470 萬年以前，弧矢七與太陽之間的距離只有 34 光年，它是當時天空中最明亮的恆星，視亮度約是現在天狼星的 10 倍。除了弧矢七以外，沒有其他恆星曾經達到這個亮度，天文學家猜想至少在 500 萬年以內也不會有任何恆星可以達到這個亮度。

觀測指南 3

冬季大三角

　　小犬座的亮星南河三、大犬座的天狼星、獵戶座的參宿四，這三顆亮星組成一個等邊三角形，稱為「冬季大三角」，在冬季的夜晚十分醒目，是冬夜認星的標誌。

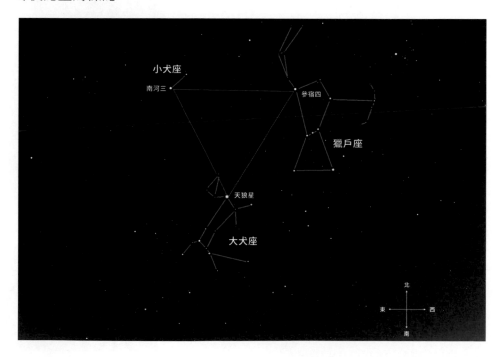

天體鑑賞 1

鬥牛的星系

大犬座內的一對星系——NGC 2207 和 IC 2163，正在迎頭相撞，看起來就像鬥牛一樣。這對星系距離我們約 1.4 億光年。

圖片來自 NASA/ESO

天兔

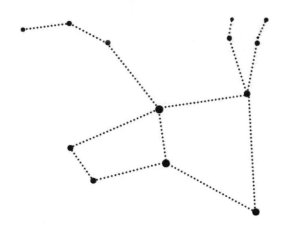

星空故事 1

可憐的天兔

　　獵人奧利恩升上天空成為獵戶座之後，狩獵女神阿提米絲對他還非常關心，因為奧利恩喜歡打獵，為了減少奧利恩在狩獵時遇到凶猛動物的攻擊，阿提米絲特地請求宙斯在獵戶的腳前放一隻弱小的兔子，這就是天兔座。這隻兔子多麼可憐啊，牠與獵人和大犬近在咫尺，西邊的大犬已經躍起，正準備向牠撲來，牠只好全力向西方奔逃而去。

天體鑑賞 1

螺線圖星雲

天兔背部，有一個編號為 IC 418 的行星狀星雲，非常像一幅用循環繪圖工具畫出來的圖案，又稱為萬花尺星雲。

IC 418 的前身星是一顆和太陽差不多的恆星，後來這顆恆星老了，膨脹了，成為一顆紅巨星，再接下來，旋轉的恆星把外圍的氣體一圈一圈地丟擲來，就形成了螺線圈的圖案。（見下圖）

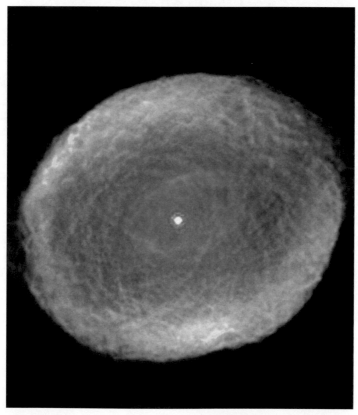

圖片來自 NASA/ESO

金牛

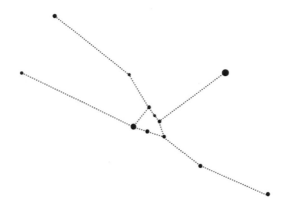

▎星空故事 1

冬夜獵戶鬥金牛

　　雖然獵人奧利恩受到阿提米絲的關愛，在他的腳下放置一隻弱小的獵物 —— 兔子，但他也不得不面對更強大的敵人，因為在他的前方，一頭凶猛的動物正氣勢洶洶地向他衝過來，那就是金牛。

　　這頭牛的來頭可不小。

　　在非常遙遠的古希臘時代，歐洲大陸還沒有名字，那裡有一個美麗而富饒的王國叫腓尼基，國王阿革諾爾（Agenor）有一個美麗的女兒，叫歐羅巴（Europa）。一天清晨，歐羅巴像往常一樣和同伴們來到海邊的草地上嬉戲，她們快樂地採摘鮮花，編織花環，在草地上和花叢中盡情玩耍。

忽然，不知從哪裡跑來一群牛，牛群中間，有一頭牛金光閃閃，看上去高貴華麗，牛角小巧玲瓏，猶如精雕細刻的工藝品，晶瑩閃亮，額前閃爍著一彎新月型的銀色胎記，牠的毛是金黃色的，一雙藍色的眼睛燃燒著情慾。

歐羅巴被這頭奇怪的牛吸引住了，一種無形的誘惑讓歐羅巴難以抗拒，她欣喜地跳上牛背，並呼喚同伴一起上來，可是同伴們並沒有人響應，她們都有些害怕。

金牛從地上輕輕躍起，飛跑起來，歐羅巴嚇得緊緊地摟著牛的脖子。金牛跑著跑著，竟然飛了起來，在同伴們驚慌的喊叫聲中，飛向遠方。金牛飛越沙灘，飛越大海，一直飛到一座孤島上，才緩緩降落下來。

金牛蹲伏下來，歐羅巴下了牛背，金牛竟然站了起來，變成了一個俊美如天神的男子，原來是宙斯，宙斯化身的金牛後來就成為金牛座。

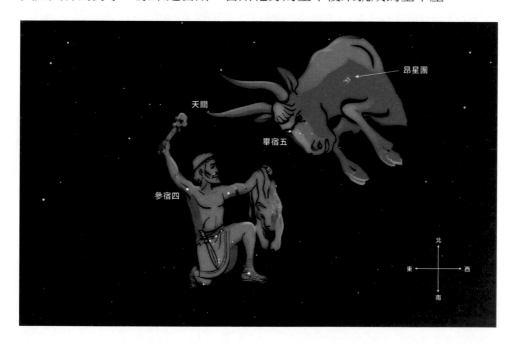

▋ 觀測指南 1

牛臉 —— 畢星團

金牛的頭部，有兩串星星呈「V」字形，看上去很像一張牛臉；其中最亮的是一顆發紅的亮星，叫畢宿五，是金牛那瞪得發紅的眼睛。

冬夜裡出去仰望星空，看看能不能找到「V」字形的牛臉，還有金牛泛紅的眼睛 —— 畢宿五，它就在獵人的西北方。

「V」字形這兩串星星叫畢宿，其實是一個星團，叫畢星團，裡面有 300 多個成員，這樣的星團叫疏散星團，這些恆星距離地球在 150 光年左右。

明亮的畢宿五並不是畢星團的成員，因為它距離地球只有 65 光年。

▋ 星空故事 2

雨神畢宿

在古人眼中，畢宿是雨神，掌管下雨之事。

《三國演義》第九十九回，有一個「司馬懿入寇西蜀」的故事。司馬懿和曹真率領四十萬大軍進犯蜀國，諸葛亮卻僅僅派將領張嶷、王平率一千士兵迎敵。二人聽了非常害怕，對諸葛亮說，「人報魏軍四十萬，詐稱八十萬，聲勢甚大，如何只與一千兵去守隘口？倘魏兵大至，何以拒之？」諸葛亮說：「吾欲多與，恐士卒辛苦耳。」張嶷和王平面面相覷，都不敢去。諸葛亮說：「如果有疏失，不是你們的罪過。不必多言，趕快去吧。」二人苦苦哀求說：「丞相想要殺我們兩個，現在就請殺吧，只是不敢去。」

諸葛亮哈哈大笑說道：「我昨夜仰觀天文，見月亮走到了畢星附近，這個月內必有大雨淋漓。魏兵雖有四十萬，絕不敢深入山險之地。」二人聽了，才放心地拜辭而去。

　　誰知諸葛亮的對手司馬懿也非等閒之輩。當魏國大軍開到陳倉時，曹真要明渡陳倉，繼續西進。司馬懿阻攔道：「不能輕進。前日我夜觀天文，發現月亮走進了畢宿，此月必有大雨。倘若深入，到時候就難以退回來了。」

　　果然，不到半月，大雨滂沱，河水暴漲，陳倉城平地水深三尺，寸步難行，魏軍沒有辦法，只好撤退。

　　看來，諸葛亮和司馬懿都是上知天文下知地理的神人。其實不然，這個故事只不過是小說裡的文學杜撰而已。

　　月亮圍繞地球運行，27 天就轉一圈，而月亮的軌道就經過畢宿，也就是說，每過 27 天，月亮都要經過畢宿一次。如果月亮運行到畢宿都要下大雨，那豈不是每個月都會大雨滂沱了嗎？

　　古人為什麼會認為月亮運行到畢宿要下雨呢？很可能來源於古人對於經典的崇拜。《詩經·小雅·漸漸之石》中有這樣的詩句：

月離於畢，俾滂沱矣。

武人東征，不皇他矣。

翻譯過來就是：

月亮靠近畢宿星，大雨滂沱匯成河。將帥士兵去東征，其他事情無暇做。這本來是《詩經》常見的比興手法，但《詩經》被後代的讀書人奉為經典之後，有些詩句甚至成為了占星的依據，畢宿是雨神的觀念很可能就來源於此。

觀測指南 2

七姐妹 —— 昴星團

　　金牛的肩膀上，有一團明亮的星，非常引人注目，六七顆星密密地聚在一起，面積有好幾個月亮大，顯得光輝燦爛，這就是美麗的七姐妹星團，這團星在古代屬於昴宿，又稱昴星團。

　　昴星團相當壯觀，明亮亮的一大片，如果你能在滿天繁星中看到它，肯定會被它深深震撼。

　　找到昴星團，看你能從中數出幾顆星。視力好的人可以在這個星團裡數出 7 顆星，但多數人只能看到六顆，因為其中一顆（昴宿三）是較暗的 6 等星，不容易看到。實際上，昴星團裡面有 3,000 多顆恆星，這些恆星分布在直徑約 13 光年的空間裡，而在太陽系附近同樣大小的空間裡，只有幾十顆恆星而已。即便如此，昴星團依然是一個疏散星團。

M45: David Malin（AAO）, ROE, UKS Telescope

星空故事 3

漂亮的七姐妹

在古希臘神話傳說中，從前有七個美麗的仙女，生活在地中海邊的一個山林裡，經常跟隨著狩獵女神阿提米絲在山林裡打獵。一天，七仙女路過林間的一條小溪邊，清澈的溪水和岸邊芬芳的花朵吸引了她們，於是她們在小溪邊遊戲玩耍起來。

獵人奧利恩也在這個山林裡打獵，恰巧也路過這裡。奧利恩看見美麗的七仙女，便魯莽地向她們奔來，七仙女嚇得趕忙逃跑。

奧利恩在後面追趕，他身強力壯，越跑越快，眼看就要追上了，七仙女一邊奔跑，一邊大聲呼救。

七仙女的呼救聲被宙斯聽到，宙斯便起了憐憫之心，為救她們脫離獵人的掌心，便將她們變為七隻靈巧的鴿子，飛上天空。這七隻鴿子越飛越高，最後飛到了眾星之中，成為天上的七顆星。

七個仙女在天上還緊密地團聚在一起，雖然每一顆星都不是很亮，但聚在一起的她們卻顯得光彩華麗。人們看到它，就想起了傳說中美麗的七姐妹，於是叫它七姐妹星。

星空故事 4

可恨的旄頭星

七姐妹雖然漂亮，但在古人眼裡是另一番感受，這個星團在古代還被稱為旄頭星 —— 一團亂蓬蓬的頭髮，古人常用它來代指北方的胡人。

李白在晚年寫了一首很長的詩，詩的最後有一句話：

安得羿善射，一箭落旄頭！

　　要是找來曾經射落九個太陽的后羿，一箭把髦頭星射落下來，該有
多好！

　　李白為什麼對髦頭星這麼有意見呢？當然，他憤憤不平的是髦頭星所
代表的胡人。

　　西元 8 世紀的大唐，國力強盛，四方來朝，一派盛世景象。繁榮的背
後，皇帝和官員們開始腐化墮落。皇帝唐玄宗為了博取楊貴妃的歡心，不
惜動用為國家公務服務的驛馬，長途奔馳數千里，把南方特產的荔枝運至
首都長安。人們看到驛馬飛馳，還以為是十萬火急的情報，誰知道竟是為
楊貴妃送荔枝的呢！杜牧的詩〈過華清宮〉寫道：

　　一騎紅塵妃子笑，無人知是荔枝來。

　　有一個節度使叫安祿山，看到唐朝皇帝和大臣都驕奢淫逸，感覺自己的
機會來了，於是在西元 755 年起兵叛亂。叛軍很快攻入長安，逼得唐玄宗帶
著楊貴妃倉皇向四川逃命。逃到馬嵬坡時，將士譁變，楊貴妃被處死。

　　大詩人李白一直有報效國家的壯志。安史之亂爆發的第二年，新皇帝
唐肅宗李亨的兄弟，永王李璘以平定叛亂為名，從四川起兵，56 歲的李白
欣然受邀加入了部隊。然而皇帝認為李璘起兵是藉機與他爭奪皇位，便派
軍隊討伐，結果李璘兵敗被殺，李白也鋃鐺入獄。兩年後李白出獄，被流
放到邊遠的夜郎，後在流放途中被皇帝赦免，此時李白已經 58 歲。

　　一天晚上，李白仰望星空，看到了明亮的髦頭星，想起了胡人，悲憤
之情油然而生。可恨的胡人啊，給國家，給自己帶來多大的災難，多大的
痛苦，安得羿善射，一箭落髦頭！

　　李白壯志未酬，心中不甘，61 歲時再隨軍平叛，結果途中生病，只好
返回，第二年便離開了人世。

星空故事 5

天關客星傳奇

金牛頭部偏南的牛角尖，是一顆名叫天關的星，這顆星一點也不起眼，但是名氣很響亮，因為在這顆星附近，曾經發生過一次非常奇異的事件。

西元 1054 年（宋至和元年）7 月 4 日的這天夜裡，朝廷的天文官員們像往常一樣在天文臺上監視著星空。天快要亮了，天文官們辛苦地觀察了一夜，終於可以鬆口氣了。

忽然，有人直愣愣地觀看著東方，驚訝地張大了嘴巴。大家順著他的目光看去，原來在東方的地平線上升起了一顆明亮的星，這是啟明星（金星）嗎？不可能，這一段時間根本沒有啟明星，而且這顆星比天空中最亮的啟明星還要亮得多，它四周彷彿還帶著尖角，閃耀在天關星的旁邊，發出白中帶紅的光芒。

客星出現了！

這是一個重大的天象，天文官員們趕快上報了朝廷。所謂客星是不同於恆星和行星的星，它們就像星空中的來訪者一樣，突然出現，過一段時間就消失不見了。

出現在天關星附近的這個客星，就叫天關客星，其亮度如此之大，以至於它出現後 23 天，在白天都可以看到它。之後漸漸黯淡下去，但夜晚還可以看到，一直到西元 1056 年 4 月 6 日，天關客星終於消失不見，一共出現了 643 天。

《宋會要》這本史書裡記載了這件事：

「至和元年五月，晨出東方，守天關。晝見如太白，芒角四出，色赤白，凡見二十三日。」

這裡的五月，指的是農曆。

星空故事 6

星空裡有隻大螃蟹

天關客星消失 600 多年之後的西元 1731 年，英國一個天文愛好者用望遠鏡在天關星附近發現了一個雲霧狀的天體，一個朦朧的小星雲。這個小星雲後來被法國天文學家梅西耶排在他星雲表的第一號，命名為「M1」。

100 多年後，英國出現了一位天文愛好者羅斯伯爵（William Parsons, 3rd Earl of Rosse），他花了 10 年時間親自製造了一架口徑 1.8 公尺的天文望遠鏡，這是當時世界上最大的天文望遠鏡。然後羅斯伯爵又花了幾十年時間對天關星附近的 M1 星雲進行了仔細觀測，把 M1 的形狀詳細描繪下來，發現它像一個張牙舞爪的螃蟹，於是給它取了個名字叫「蟹狀星雲」。

　　1921 年，天文學家檢查蟹狀星雲過去的照片時發現，這個天空中的螃蟹居然在一年一年地長大！

　　到了 1928 年，美國天文學家哈伯根據蟹狀星雲長大的速度推斷，倒推到大約 900 年前，蟹狀星雲應該是一個點，這就意味著，蟹狀星雲是大約 900 年前一顆超新星爆發的遺跡！

　　西方的天文學家們和漢學家們合作，在古書裡尋找超新星爆發的記載，最後他們一致確認，史書裡記載的西元 1054 年出現的天關客星，就是一顆超新星爆發，爆發時它本身的亮度相當於幾億個太陽！這顆超新星的記載，在西方史書中是找不到的，發現 1054 天關客星是漢人的一個驕傲。

哈伯太空望遠鏡拍攝的蟹狀星雲 圖片來自 NASA/ESO

星空故事 7

小綠人的呼喚？

1968 年 11 月 9 日，中美洲波多黎各一個山谷裡發生了一件奇怪的事情。那裡有一個依山而建的小耳朵 —— 口徑 305 公尺的阿雷西博無線電望遠鏡（Arecibo Radio Telescope）。

1968 年 11 月 9 日，這一天，小耳朵裡傳來了來自蟹狀星雲的奇怪訊號，很簡單，只是一個一個的脈波，類似「滴，滴，滴……」的聲音，只是滴的非常快，一秒鐘有 30 次，週期非常精確，0.03309756505419 秒，精確到小數點後面 14 位，百兆分之一秒，比一般的鐘錶精確太多了。

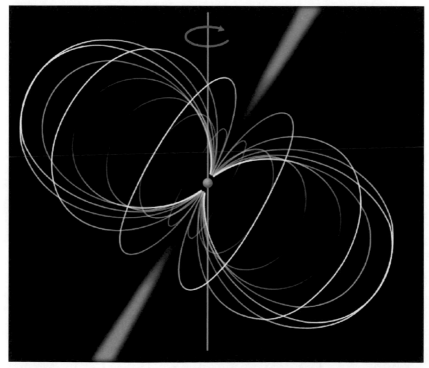

脈衝星，圖片來自：www.taringa.net

小綠人又在發訊號了？

那兩年天文學家已經接收到好幾個這樣的脈波訊號，一般的天體輻射不可能這麼規則，它很像某種高階智慧生命發射的訊號，有天文學家腦洞大開地認為這是一種小個子綠皮膚的外星人向地球傳送的問候。

從蟹狀星雲裡向外傳送脈波訊號的當然不是小綠人，而是一顆快速旋轉的中子星，它就是超新星爆發留下的緻密殘骸，它的質量比太陽還大，但是直徑卻只有十幾公里，密度達每立方公分上億噸。

從 1054 年的天關客星，到西元 18 世紀的蟹狀星雲，再到 20 世紀的脈衝星，超新星故事有了圓滿結局。

觀測指南 3

找一找牛角尖 —— 天關星

從金牛的「V」字形的兩條邊延長出去，可以找到兩顆暗一點的星，那就是金牛的牛角尖，靠南的那顆就是天關星。

觀測指南 4

超新 W 星的輝煌 —— 蟹狀星雲

天關客星的遺跡 —— 蟹狀星雲 M1，就在天關星往北一點，但是肉眼完全不可見，用小型望遠鏡可以看到暗弱的雲斑。

想像西元 1054 年 7 月 4 日宋代人看到客星時的心情，驚訝？茫然？

蟹狀星雲距離我們 6,500 光年，超新星的光芒傳遞到地球需要 6,500 年時間。請想像這樣的情景：在宋代人看到它之前的 6,500 年前，也就是距今7,400 多年前，地球上還是一片原始洪荒，太空裡一顆巨大的恆星爆炸了。

爆炸發出的光芒大約有 5 億個太陽那麼亮,這光芒以每秒 30 萬公里的速度向太空飛奔,在西元 1054 年 7 月 4 日到達地球,被宋代人看到。期間地球上已經從從原始的洪荒發展到清明上河圖裡的繁華,真可謂滄海桑田。

天體鑑賞 1

蟹狀星雲中央的脈衝星

脈衝星猶如一臺功率強大的宇宙發電機,又像跳動的心臟,輸出強大的輻射能量,在星雲裡激發出一圈圈漣漪。

哈伯太空望遠鏡拍攝的蟹狀星中央心臟部位。圖片來自 NASA/ESO

雙子

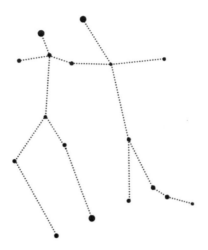

星空故事 1

真摯的兄弟

　　金牛座的東方，是另一個黃道星座雙子座。這兩個兄弟是一對雙胞胎，哥哥叫卡斯托爾（Castor），弟弟叫波路克斯（Pollux），傳說他們是宙斯的兒子，母親是美麗的公主勒達（Leda）。雙胞胎長大成人後，出落得雄姿英發，勇武剛強，各自學得一身好武藝。哥哥擅長馬術，騎馬馳騁的本領沒有人能超越；弟弟精於拳術，打遍天下無敵手。他們曾多次參加遠征冒險，經歷無數次激烈的戰鬥，取得了輝煌的戰績。

　　有一天，希臘遭遇了一頭巨大的野豬的攻擊，王子們召集勇士們去捕殺這頭野豬。野豬雖然被殺死，勇士們卻因為爭功而起了內亂，進而打鬥

起來。混戰之中,有人拿長矛刺向哥哥卡斯托爾,弟弟波路克斯為了保護哥哥,奮勇撲上去擋在哥哥身前,結果,弟弟被殺死了。

哥哥痛不欲生,回到天上請求宙斯讓弟弟起死回生。宙斯皺了皺眉頭,說道:「唯一的辦法是把你的生命力分一半給他,這樣,他會活過來,而你也將成為一個凡人,隨時都會死。」哥哥毫不猶豫地答應了,宙斯非常感動,以兄弟倆的名義創造了一個星座,這就是雙子座。

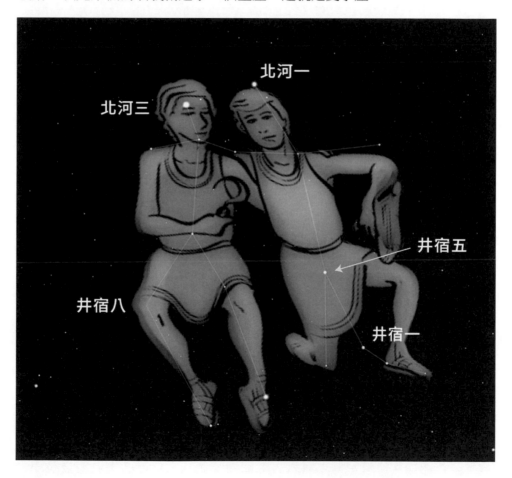

星空故事 2

銀河岸邊一口井

北河三、北河二，這種名字聽起來怪怪的，其實這兩顆星和小犬座的南河三、南河二一樣，都位於銀河岸邊，銀河是天上的一條大河，古人要在河邊建立軍事基地，北河、南河就是兩組守衛的士卒。

雙子座下部的兩串星星，組成了一個長方形，就像一個斜著的「井」字，這就是二十八宿之一的井宿。

井宿不但是銀河岸邊的一口水井，同時也代表了古代一個古老的國家 ── 井國。

上古時代，三皇五帝之一的帝嚳，他的大兒子叫伯益，伯益輔佐舜治理國家，發明了鑿井技術，成為鑿井的始祖。伯益的後代中，便有一支以井作為自己的姓氏，在陝西一帶建立了古井國。

周文王時，井國出了一個人叫姜子牙，年輕時家境貧困，到了 50 歲還靠擺攤叫賣度日，70 歲時在商朝首都朝歌屠宰賣肉，後來看到商紂王昏庸無道，於是來到渭河南岸，隱居下來，以釣魚為樂。

一天，有一個砍柴的人路過河邊，看姜子牙釣魚，看見他的釣魚鉤根本就沒有落到水裡，距離水面足有三尺。再仔細看那魚鉤，竟然是直的！砍柴人忍不住大笑，姜子牙卻說：「老夫釣魚，只要願者上鉤。」砍柴人對姜子牙冷嘲熱諷一番離去。

這天夜裡，周文王姬昌做了個夢，第二天找人解夢，說是應該到渭河邊尋訪大賢之人。姬昌便以打獵為名來到河邊，果見一人童顏鶴髮，在那兒悠然垂釣。周文王向他詢問天下大事，姜子牙縱橫議論，指點江山，如談家常。姬昌知道這是個大賢人，就把姜子牙扶上自己的車，親自拉車，

以示尊老敬賢。拉了一里多，實在拉不動了，只好停下。這時候姜子牙說道：「你拉我走了八百零八步，你們大周將來一統天下之後，有八百零八年的江山。」周文王大喜，當即拜姜子牙為太公，立國師。

姜子牙輔佐周文王、周武王南征北討，推翻商紂，建立周朝，功勳卓著，被周武王分封到東海之濱建立齊國。但他特別懷念他家鄉的垂釣故地 —— 渭河邊，就把他後代的一支留在那裡，在古井國故地重新建立了新的井國，這個井國名氣很大，最後還升上了天空，成為二十八宿之一。

▊ 觀測指南 1

雙子的腦袋

雙子座的兩顆亮星 —— 北河三和北河二，被看成兄弟二人的腦袋。北河三亮一些，按說應該是哥哥，但它其實是弟弟波路克斯的腦袋 —— 雙子座 β 星；暗一點的北河二是哥哥卡斯托爾 —— 雙子座 α 星。

這當然是很奇怪的，很可能在古代北河二更亮，然後，北河二變暗了，或者北河三變亮了，或者兩種情況都有。

觀察北河三和北河二，比較它們南方不遠處小犬座的南河三和南河二，這兩對星很相似，都是一顆亮，一顆暗一點。

觀測指南 2

銀河系最著名的聚星系統

北河二距離地球 50 光年，用小望遠鏡就能看清它是一對雙星，如果用更好的觀測裝置，可以發現這雙星的每個子星又都是雙星，也就是說，北河二裡面有四顆恆星！

更有趣的是，這四顆恆星是青白色的主序星，在更遠的地方，還有一對紅色的暗星在圍繞著這四顆恆星運行，北河二實際上是由六顆恆星組成的聚星系統，這是宇宙中最著名的聚星系統。

北河三距離地球 34 光年，是一顆美麗的橙色巨星，北河三經過望遠鏡觀測，也是六合星！

北河二雙星

觀測指南 3

雙子座流星雨

每年 12 月 4 日至 12 月 17 日，會有大量流星從雙子座輻射出來，這就是雙子座流星雨，它是一年中最後一個登場的大流星雨。雙子座流星大多是明亮的、速度中等的流星，除白色流星外，還有紅、黃、藍、綠等多種顏色，最大流量每小時超過一百顆。

由於 12 月分雙子座整夜可見，所以雙子座流星雨觀測起來非常方便，不過寒冷的天氣是很大的障礙。

白羊

星空故事 1

白羊的故事

金牛座的西方，是另一個黃道星座 —— 白羊座。

傳說古希臘有個國王叫阿塔瑪斯（Athamas），娶了雲間仙女涅斐勒（Nephele）為妻，涅斐勒為他生了兩個孩子 —— 姐姐赫勒（Helle）和弟弟佛里克索斯（Phrixus）。後來，國王被一個叫伊諾（Ino）的女人迷住，拋棄了涅斐勒，涅斐勒悲傷地離開國王和孩子們，返回雲間。

伊諾是一個愛忌妒又狠心的女人，她把涅斐勒的兩個孩子視為眼中釘，總是想方設法地折磨他們。涅斐勒在雲間看到孩子受苦，非常氣憤，就請求宙斯降災給這個國家。伊諾見國家遭受災難，就對國王說，災難因為王子佛里克索斯而生，只有將佛里克索斯獻祭給神，才能免除災難。

宙斯同情佛里克索斯，於是送給他一隻羊，這羊渾身長著金毛，還有一對翅膀。佛里克索斯和姐姐赫勒騎著神奇的金毛羊，騰空而行，逃離國家。

在飛過一片大海時，姐姐赫勒往下看，看見下面是汪洋大海和滔天巨浪，頭暈目眩支撐不住，墜海而死。佛里克索斯悲傷地獨自飛越大海，安全地來到了黑海東岸的科爾基斯，國王熱情地接待了他，還把自己的女兒嫁給他。

佛里克索斯宰了飛羊，將羊皮剝下來獻給國王。那羊毛是純金的，極為貴重，國王將金羊毛釘在戰神阿瑞斯（Ares）聖林裡的一棵大樹上，又讓終年不闔眼的天龍看守，這就是白羊座的來歷。

觀測指南 1

星空裡的一把手槍

白羊座大名鼎鼎，因為它是黃道第一星座，但卻很小，裡面只有三顆較亮的星 —— 婁宿一、婁宿三、胃宿三，還有一顆更暗的婁宿二，四顆星組成了一把手槍的形狀。

你能在星空裡找到這把手槍嗎？

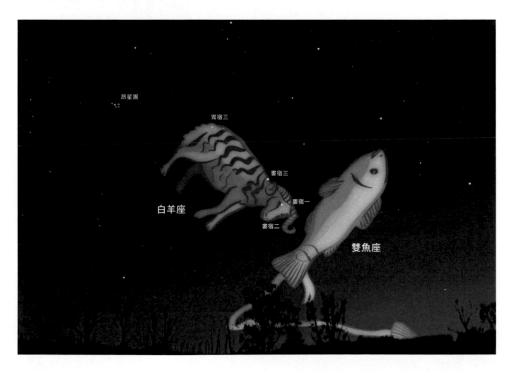

御夫

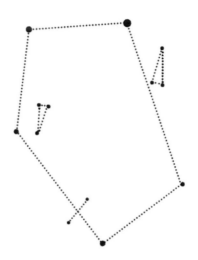

星空故事 1

莽撞的車夫

從獵戶星座往北，可以看到有五顆星組成一個五邊形，那是御夫星座。

古希臘神話傳說太陽神阿波羅有一個人間的兒子叫法厄同，他從小沒有見過自己的父親，聽媽媽說整天駕著太陽車在天空穿梭的太陽神阿波羅就是自己的父親，便天天仰望太陽，想見到太陽神阿波羅。

法厄同長大以後，歷盡千辛萬苦去找阿波羅。阿波羅見到自己的兒子，非常高興，就許諾給法厄同一個禮物，答應實現他的一個願望，無論是什麼。

法厄同說,自己想駕駛太陽車在天上跑一趟。

阿波羅知道這很不合適,可是已經承諾了,就只好答應。

黑夜過去,黎明來臨,法厄同便急不可耐地跳上太陽車,向西方出發了。廣闊的大地呈現在法厄同眼底,自己給世界帶來了光明!法厄同無比興奮,揮鞭向拉太陽車的神馬抽打過去,神馬立即狂奔起來,拉著太陽車到處亂撞,法厄同根本控制不住。

太陽車向上衝去,點燃了天庭;又向下俯衝,燒著了雲層,高山震動崩毀,天地之間到處是熊熊燃燒的大火。

宙斯很快知道了,宇宙的秩序怎麼能被破壞呢?他取出雷錘,打向太陽車,法厄同頓時渾身著火,跌落下來,化作一顆流星,墜落到一條大江之中。為了安慰阿波羅,宙斯把法厄同提到天上,成為御夫星座。

星空故事 2

五車（ㄐㄩ）星的故事

在古人眼裡，這個位於銀河岸邊的五邊形是一個軍事基地，駐紮著五支戰車部隊。戰車是古代軍事上的重武器，地位比現在的坦克車還高，戰車的數量能夠衡量一個國家軍事力量的強弱。萬乘之國，即擁有一萬輛戰車的國家是非常強大的國家，千乘之國則是中等國家。

亮星五車二的旁邊，有三顆稍暗的星組成一個尖尖的三角形，這 3 顆星叫柱星。柱是軍旗的旗杆，有部隊駐紮的地方，就有軍旗和旗杆。

在古代天文占星家眼裡，這三顆柱星象徵著全國的戰車，占星家透過觀察這三顆星的變化來預測戰爭。怎麼預測呢？

如果有一柱看不見，就說明發生地區性戰爭，國家三分之一的戰車都出動了；

二柱看不見，就說明戰爭的規模已經擴大，國家三分之二的戰車都出動了；

三柱看不見，就說明戰事已經升級到國家級戰爭，國家全部的戰車出動，天子親自率領軍隊征戰了。

觀測指南 1

五車二

在夜空裡尋找御夫五邊形，找到五邊形中最亮的那顆星 —— 五車二，它是全天第六亮星，以肉眼觀測略呈黃色，事實上它是分光雙星，含有兩顆黃色的巨星，每 104 天環繞一周，距離地球 42 光年。

仰望五車二，想像一下，進入你眼中的五車二光芒，在它從恆星發出的時候，地球上現在活著的人有一半還沒有出生。

觀測指南 2

柱星

　　找到亮星五車二旁邊的三顆柱星 —— 柱一、柱二、柱三，看著這個小小的三角形，想像古代占星家仰望柱星占卜的情景。

　　離五車二最近的柱星，就是小三角形尖上的那顆，叫柱一，它很不尋常，亮度確實會變化 —— 每 27 年變化一次。這是一對雙星，由明亮的白色超巨星和一顆黑暗伴星組成。伴星每 27 年透過主星前方，這時候星體的亮度會減少一半以上。

　　柱一的主星是一個白色超巨星，直徑約有 57 億公里，體積是太陽的幾百億倍。如果把它放在太陽的位置上，它的邊緣直逼天王星的軌道，從水星到土星的 6 顆行星都被包在它肚子裡了。

　　柱一是銀河系已知的最大恆星之一。

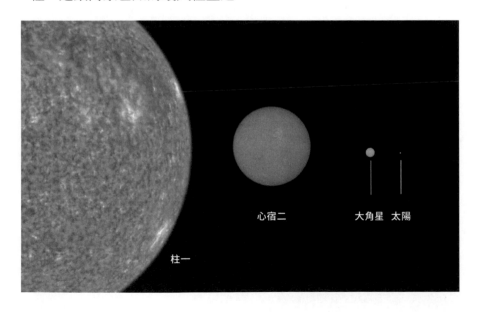

波江和天爐

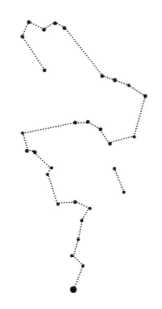

▌星空故事 1

波江的故事

　　波江座位於獵戶座南面，但它的故事卻和獵戶座北面的御夫有關。阿波羅的兒子法厄同駕駛太陽車失控，被宙斯的雷錘擊打，跌落到一條大江中，這條江就是波江。

　　波江很長，由一串串暗弱的小星組成，蜿蜒曲折地流向南方，一直流向南方的地平線下。在它的盡頭，是一顆明亮的 1 等星 —— 水委一，水委一的阿拉伯語含義就是河流的盡頭，這顆星只有在南方沿海地區才能看到。

星空故事 2

天上的圍囿

波江座這一長串蜿蜒曲折的星，主要對應著兩個星官：天苑和天園。

天苑星官有 16 顆星，好像圍欄圍起了一個巨大的園子，只在東方有一個開口。這是皇族的牧場，飼養著各種牲畜，以供皇族食用和田獵。

天苑的南方，是另一個皇家園林 —— 天園，這個園子裡種植著水果和蔬菜。

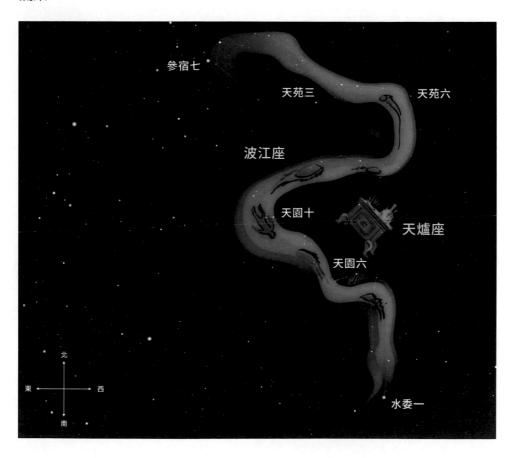

▌觀測指南 1

水委一

　　波江座最南端的亮星，全天 21 顆亮星之一，排名第九。西元前 3000 年，水委一曾經是當時的南極星。

　　水委一是一顆明亮的藍色恆星，質量約為太陽的 8 倍，質量大，燃燒猛烈，表面溫度一萬多度，真實亮度是太陽的 3,000 多倍，發出藍色的光芒。

　　水委一自轉非常快，它的赤道因離心力高高隆起。因為太扁，水委一表面溫度隨著緯度而產生劇烈變化，極區的溫度可能超過 20,000 度，而赤道地區則可能不到 10,000 度，平均下來有 15,000 度。

▌天體鑑賞 1

NGC 1300

　　NGC 1300 是波江座一個典型的棒旋星系，哈伯太空望遠鏡拍攝的圖片中，NGC 1300 內星光閃耀，充滿熱氣體和暗星際塵埃雲，這個星系距離我們大約 7,000 萬光年。（下圖）

圖片來自 NASA/ESO

星空故事 3

沒有故事的星座

在波江的環抱中，有一個小小的星座 —— 天爐座。

南天有一片星空，在北半球中緯度地區是看不到的，那裡就一直沒有劃分星座。直到西元 16 世紀以後，南天的空白星空才慢慢被增補起來。天爐座就是一個新設的星座，那是一個化學熔爐，沒什麼神話故事。

天爐座很黯淡，最亮的也只是兩顆四等星，然而天文學家們對這個星座卻情有獨鍾。

天文小知識 1

哈伯超深空

如果你想眺望銀河系外的宇宙深處，天爐座是個好地方，因為這裡遠離銀河，受到銀盤氣體塵埃的影響最小。在這個星座裡有一小塊區域，更是極其黑暗，即使用望遠鏡也看不到一顆星，這是一個瞭望銀河系之外宇宙深處的極佳地點。

2003 年 9 月 24 日，哈伯太空望遠鏡碩大的鏡頭轉向了天爐座方向，對準了約 1/10 個月亮大小的一片黑暗天空，從 2003 年 9 月 24 日至 2004 年 1 月 16 日的 100 多天裡，「哈伯」對它進行了 800 次拍攝，其先進巡天照相機（ACS, Advanced Camera for Surveys）累計曝光 11.3 天時間 —— 將近一百萬秒。

這是一次宇宙深空「鑽探」，「哈伯」得到的影像稱為「哈伯超深空」，它顯示了由近到遠以至 130 億光年深處的宇宙圖景，也是 130 億年前的宇宙圖景，裡面約有一萬個星系，照片中最暗的星系，每分鐘只有一粒光子進入望遠鏡中。

　　在接下來的十年間，哈伯太空望遠鏡每年都接連不斷地對那個區域進行拍照，鑽探不斷深入，「哈伯超深空」不斷被重新整理，變成「哈伯極深空」。2014 年發布的「哈伯極深空」影像，深入到了 132 億光年遠，也就是 132 億年前，比 2004 年「哈伯超深空」多了約 5,500 個星系，其中最暗星系的光度只有肉眼可分辨光度下限的一百億分之一。

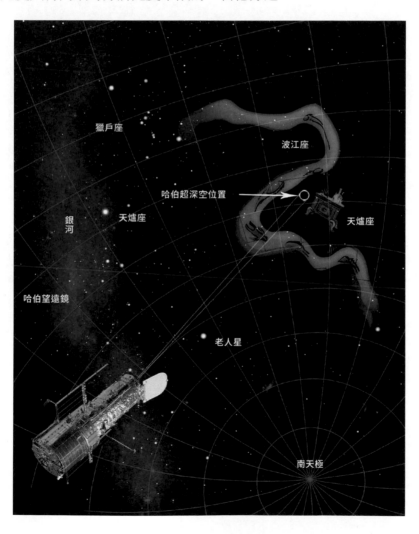

「哈伯超深空」展示給人類這樣一幅經典的宇宙圖景：在幽暗而遙遠的太空裡，每一個方向上都分布著不計其數的星系。

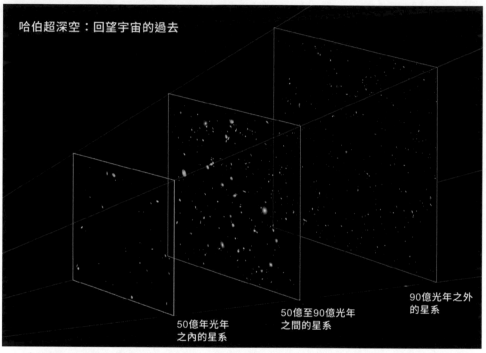

哈伯超深空：回望宇宙的過去

50億年光年
之內的星系

50億至90億光年
之間的星系

90億光年之外
的星系

哈伯超深空顯示了由近到遠以至 130 多億光年深處的宇宙圖景 圖片來自 NASA/ESO

一幅經典宇宙畫面：哈伯超深空

銀河裡的大船

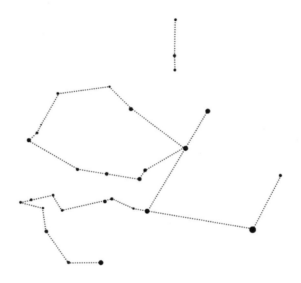

▌星空故事 1

銀河裡的大船

　　從獵戶座和大犬座往南，南方的銀河裡，漂浮著一艘很大的船，它在南十字的指引下乘風破浪前進。這艘船叫阿爾戈號，它是希臘英雄伊阿宋取金羊毛時乘坐的船。

　　古希臘北部色薩利地區有個伊俄爾科斯國，國王埃宋（Aeson）有個兒子叫伊阿宋（Jason），後來伊阿宋的叔叔珀利阿斯（Pelias）篡奪了王位，伊阿宋流亡到半人半馬的賢者凱隆那裡，跟著凱隆學習各種武藝，成為一位青年英雄。

流亡 20 年後，伊阿宋回到自己的國家，要求叔父交還屬於他的王位。叔父提出一個條件，要伊阿宋用金羊毛來換。

金羊毛是無價之寶，屬於戰神阿瑞斯，戰神把它釘在阿瑞斯聖林中一棵橡樹上，讓一條會噴火的毒龍看守 —— 那就是天龍座。

顯然，狡猾的叔父並不想把王位交給伊阿宋，而是想讓他去送死。但伊阿宋是個勇於冒險的人，他答應了這個條件，召集了全希臘的 50 位大英雄，乘一艘大船去遠征，志在奪取金羊毛。

這些英雄中有大力士海克力斯（武仙座）、宙斯的雙胞胎（雙子座）、太陽神之子奧菲斯（天琴座）等。

遠征遭遇了許多艱難險阻，都被他們全力克服，成功抵達了金羊毛所在的科爾基斯王國，但國王對他們非常疑懼，處處加以刁難。愛神邱比特出來幫忙，把一枝愛情之箭射中了國王的女兒美狄亞（Medea），她愛上了伊阿宋，幫助伊阿宋擺脫了國王的惡意刁難，最後他們使用催眠術使看守金羊毛的惡龍進入夢鄉，成功奪得了金羊毛，並回到希臘。

伊阿宋最終取得了王位，把阿爾戈號航船獻給了海神波賽頓。天神宙斯感於伊阿宋等人的勇敢精神，將阿爾戈號航船送上天宇，成為南船座。

由於南船座太大了，西元 1751 年，法國天文學家拉卡伊（Nicolas-Louis de Lacaille）將它分為了四個星座：船尾座、船底座、船帆座、羅盤座。

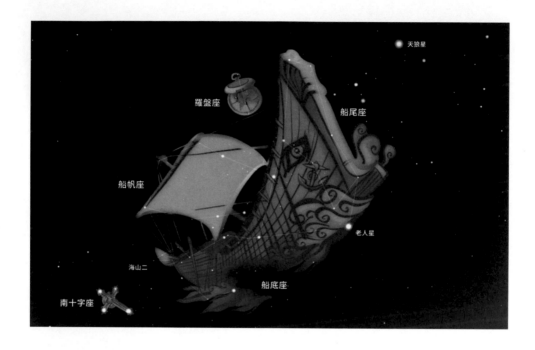

星空故事 2

老人星的故事

　　船底座最亮的星叫老人星，它是全天第二亮的恆星，亮度僅次於天狼星。

　　老人星也稱南極老人星、南極仙翁。〈步天歌〉說：「有個老人南極中，春秋出入壽無窮。」這並不是說這顆星位於南極，而是因為這顆星在南天的星空中，從黃河流域看來，這顆星的位置幾乎就在地平線上，北方人看不到老人星，需要到南方才能看到。

　　古代的占星家們認為，老人星是一顆吉祥的星，掌管壽命和安康。如果它看起來明亮而大，則老人們身體健康，天下安寧。如果看起來暗弱微小、若隱若現的樣子，則老人身體不強壯，天下不安寧，將有兵起。

康熙皇帝是一個天文愛好者，西元 1689 年，康熙南巡到了南京，想起了在北京看不到的老人星，於是在一個晴朗的夜晚登上了紫金山，終於看到了南天地平線附近的發著黃光的老人星。康熙非常高興，給隨身的大臣指認老人星，並展開攜帶的星圖，給大家講解老人星在星圖上的位置。

一個叫李光地的大學士恭維康熙說：「臣聽書本上說，老人星見，天下太平。」康熙聽了，很不高興地說道：「老人星和天下太平有什麼相干？老人星在南天，北京自然看不見，難道說北京永遠都不太平？若到你們福建廣東一帶，老人星天天看得見，就永遠太平了？」李光地嚇得啞口無言，再不敢說話。康熙回到北京後，把李光地降了兩級。

▍觀測指南 1

老人星

假如你在黃河流域，看到老人星就很困難，因為它在南方的低空，很接近地平線，不過這是全天第二亮恆星，很值得尋覓。

老人星雖然看起來亮度比天狼星弱，但其真實亮度卻遠超天狼星，因為老人星距離地球比天狼星遠得多，天狼星距我們只有 8.6 光年，老人星與我們的距離則是 310 光年，我們現在看到的老人星光芒，是它在清朝初期發出的。

老人星的真實亮度是太陽的 16,000 倍，而天狼星真實亮度只有太陽的 20 多倍。

老人星半徑大約是太陽的 70 多倍，如果把它放到太陽的位置，從地球處看，它將有 5,000 個太陽那麼大，地球需要遠離到冥王星距離的 3 倍，才能涼快下來。

觀測指南 2

海山二

在船底座的最南端，還有一顆非常了不起的星 —— 海山二。

海山二表面看起來不太起眼，但其真實亮度大得驚人 —— 是太陽的 500 萬倍！它潛藏在距離地球 7,500 光年的銀河深處，雖然距離如此遙遠，卻是肉眼可以看見的，這是你肉眼能夠看到的最遠恆星。

海山二是一對雙星，主星質量約是太陽的 100 倍，伴星質量約是太陽的 50 倍。

海山二相當怪異，顯得狂躁不安，歷史上有好幾次變亮，西元 1841 年 —— 鴉片戰爭後的那一年，它變得非常亮，和最亮的恆星 —— 天狼星差不多亮。

要知道，天狼星是太陽系的近鄰，只有 8.6 光年，海山二的距離是它的近千倍，可想而知它本身該有多明亮。

這似乎已經是超新星爆發了，可之後它還是好好地待在那裡，只不過又變暗了。

海山二的照片顯示，它已經丟擲了大約 10 個太陽質量的氣體物質，這些氣體在海山二外圍形成一個複雜的啞鈴狀，它看起來即將爆發超新星。

如果海山二爆發超新星，它將成為宇宙中最為明亮的天體，危險程度也遠高於一切天體。海山二是否已經爆發了，誰也不知道，因為它在 7,500 光年之外，即便是它現在爆發，也要到 7,500 年後人類才能看到。

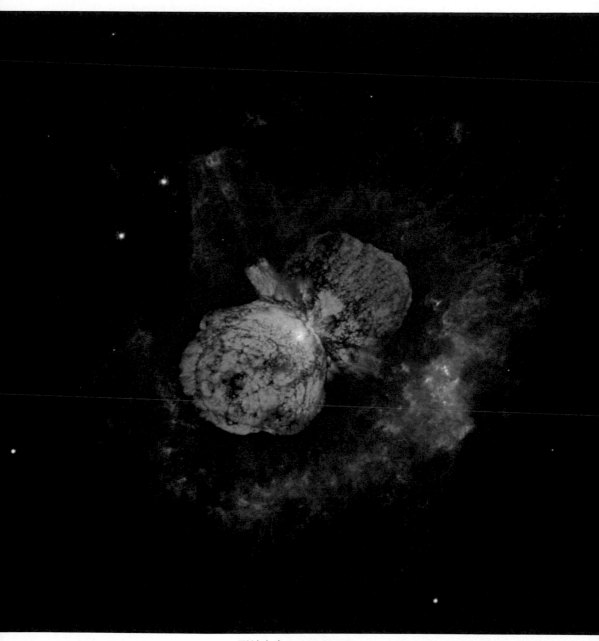

圖片來自 NASA/ESO

第七部分
南天星空

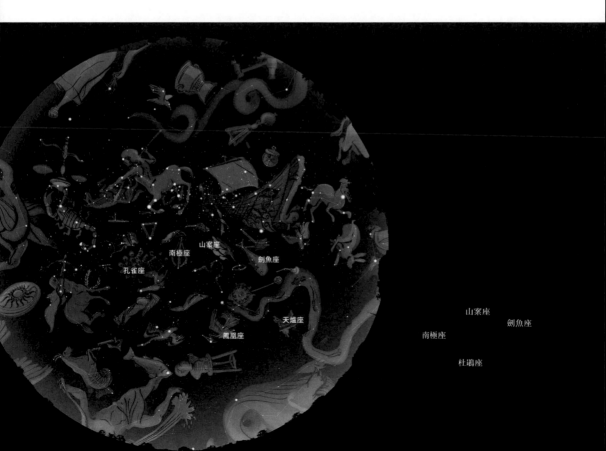

劍魚和山案

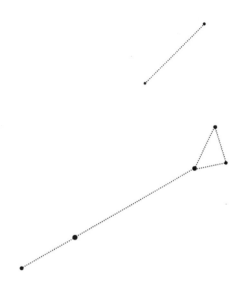

星空故事 1

麥哲倫的奇遇

　　對於生活在北半球的很多人來說，南天有一部分星空是永遠也看不到的，除非往南方去。

　　西元 1520 年 10 月分，葡萄牙航海家麥哲倫帶領的環球航行進入了第二個年頭，他的船隊越過赤道，沿巴西海岸南下。夜幕降臨的時候，麥哲倫抬頭眺望星空，兩塊明亮的雲斑吸引了他的目光。

　　這兩個雲斑一個大，一個小，大的相當於 200 多個滿月，小的相當於 30 個滿月。它們高懸於南天頂附近，爭相輝映，十分壯觀。

　　這一對南天瑰寶深深震撼了麥哲倫，他把它們詳細地記錄在自己的航海日記中，這就是大麥哲倫星雲和小麥哲倫星雲，它們是銀河系的兩個伴星系。

▎星空故事 2

無聊的南天星座

　　相比北天的星座，南天極附近的星座都是後來劃分的，大都缺乏生動的故事，顯得有些乏味。

　　西元 1595 ～ 1597 年，荷蘭航海家凱澤（Pieter Keyser）和豪特曼（Frederick de Houtman）航行到南半球時，在南天命名了一批共 12 個星座，劍魚座是其中之一。

　　劍魚只是海洋生物，並沒有什麼神話故事，星座又小又暗，在全天 88 星座中排名第 72。

　　西元 1750 ～ 1754 年，法國天文學家拉卡伊在南非開普敦的桌山觀測南天星空，劃定了一批新的星座。山案座是其中之一，因為其中的星雲令他想起山頂常被雲霧籠罩的桌山。

　　劍魚座和山案座本來寂寂無名，大麥哲倫星雲的存在使這兩個星座顯得光輝燦爛，大麥哲倫星雲就在劍魚座與山案座之間，其中 2/3 在劍魚座界內。

▋觀測指南 1

大麥哲倫星系

　　大麥哲倫星系目視欣賞起來就非常震撼，不過它太朝南，你若有機會到南半球可以好好欣賞一下。這個銀河系最大的伴星系直徑約 1.5 萬光年，恆星數目約 200 億顆，距離地球約 16 萬光年，大約 15 億年圍繞銀河系旋轉一圈。

蜘蛛星雲

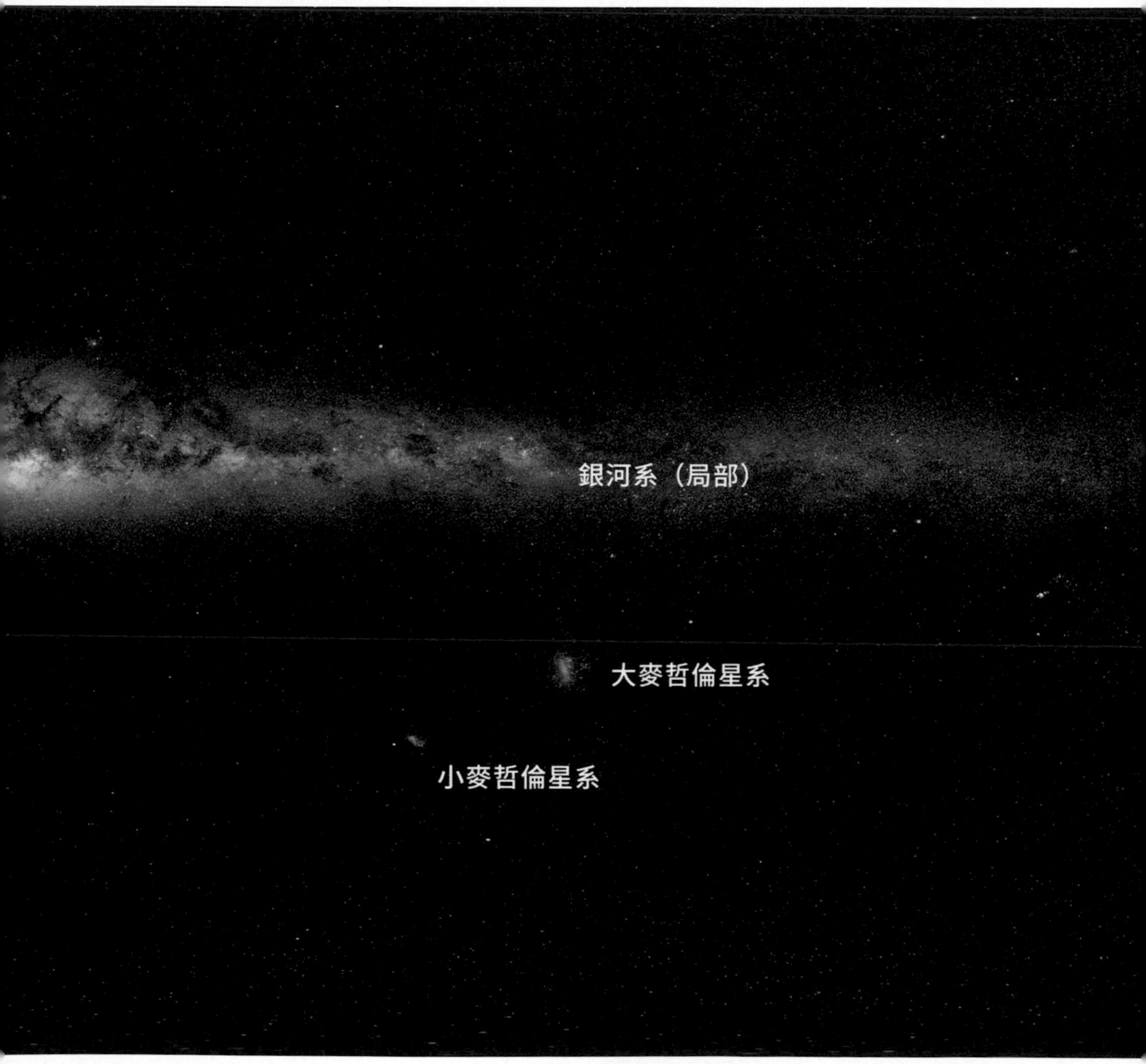

銀河系（局部）

大麥哲倫星系

小麥哲倫星系

大麥哲倫星系和蜘蛛星雲

天體鑑賞 1

蜘蛛星雲

大麥哲倫星系裡有一個星雲，在地球上就可以清楚看見，看起來和滿月大小相當，形狀像一隻毛茸茸的淡紅色蜘蛛，又稱毒蜘蛛星雲，NGC 2070。

這個星雲的實際直徑有 1,500 多光年，是大麥哲倫星系中一個巨大的恆星誕生區，如果把它移到銀河系的獵戶座大星雲處（距離地球 1,500 光年），它看起來會有幾百個滿月大。

蜘蛛星雲裡有很多大質量恆星正在生成。尤其是在蜘蛛星雲中央，隱藏著一個超級大質量恆星 —— R136a1，一顆藍色超巨星，是目前已知質量最大的恆星，約是太陽質量的 200 多倍，亮度是太陽的 800 多萬倍。

蜘蛛星雲中剛剛孕育誕生的恆星 圖片來自 NASA/ESO

星空故事 3

大麥哲倫星系裡的超新星

1987 年 2 月 23 日夜，智利安地斯山上的天文臺上，一個天文學家在戶外散步，漫不經心地瞭望幽暗的太空，他很快注意到一件不尋常的事，大麥哲倫星雲出現了一顆明亮的星，就像北極星的亮度，這讓他大為驚訝，那裡並沒有星星呀！

很快他意識到，一顆超新星爆發了！

消息閃電般傳遍整個世界，這是現代人肉眼看到的第一顆超新星，也是自西元 1604 年克卜勒超新星以來第一顆肉眼可見的超新星，但它不在銀河系內，而是在 16 萬光年外的大麥哲倫星系內，它稱為超新星 1987A。

目視發現超新星之後幾個小時，澳洲天文學家已經在大麥哲倫星系裡認證出哪一顆恆星發生了爆發，那是一顆藍色超巨星，質量約是太陽的 20 倍，亮度相當於 10 萬個太陽，它爆發後的最大亮度是太陽的 2.5 億倍。

超新星 1987A 實際上爆發於 16 萬年前，在 1987 年天文學家們看到它之前，超新星的光芒已經在太空奔走了 16 萬年多的時間。

21 世紀初，哈伯太空望遠鏡拍攝了超新星 1987A 的遺跡，加上爆發前的噴發，其遺跡現在成為極為複雜的氣體環，就像一個璀璨的太空項鍊。

超新星 1987A 遺跡 圖片來自 NASA/ESO

杜鵑和南極

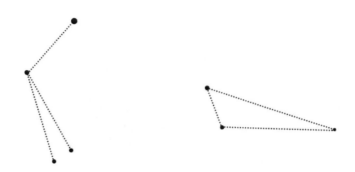

▌觀測指南 1

小麥哲倫星系

　　小麥哲倫星系位於杜鵑座，也是銀河系的伴星系，比大麥哲倫星系小，距離也遠，距離地球約 20 萬光年，直徑約 15,000 光年，恆星數量幾億顆，看起來比大麥哲倫星系黯淡很多。

▌觀測指南 2

杜鵑座 47

　　杜鵑座 47 是南半球星空的一顆明珠，緊靠著小麥哲倫星系，但不屬於這個星系，它是銀河系內的球狀星團，距離我們約 13,000 光年，是肉眼可見的第二明亮的球狀星團，僅次於半人馬座歐米加星團，直徑約 120 光年，有數百萬顆恆星。

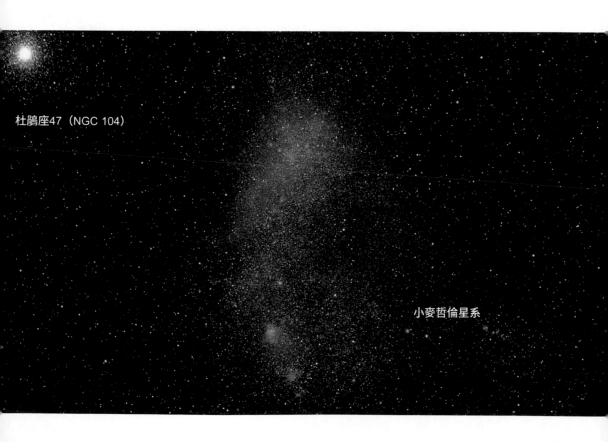

杜鵑座47（NGC 104）

小麥哲倫星系

天文小知識 1

沒有南極星的南天極

　　就像北天極位於小熊座一樣，南天極位於南極座，因而南極座是一個地位顯赫的星座。

　　小熊座有北極星，可惜南極座的星都很暗，沒有能與北極星相媲美的南極星。肉眼能觀測到的最靠近南天極的恆星，是一顆 5 等星，比北極星暗 20 倍，不足以擔當南極星的使命，所以說，天上只有北極星，沒有南極星。

　　因為沒有南極星，人們只能根據南極周圍的亮星，大致確定南天極的位置：

　　天狼星和老人星連線向南延長 1 倍距離；南十字座「十」字形的一豎向南延伸 4 倍距離；波江座的水委一和半人馬座的馬腹一連線的中點。

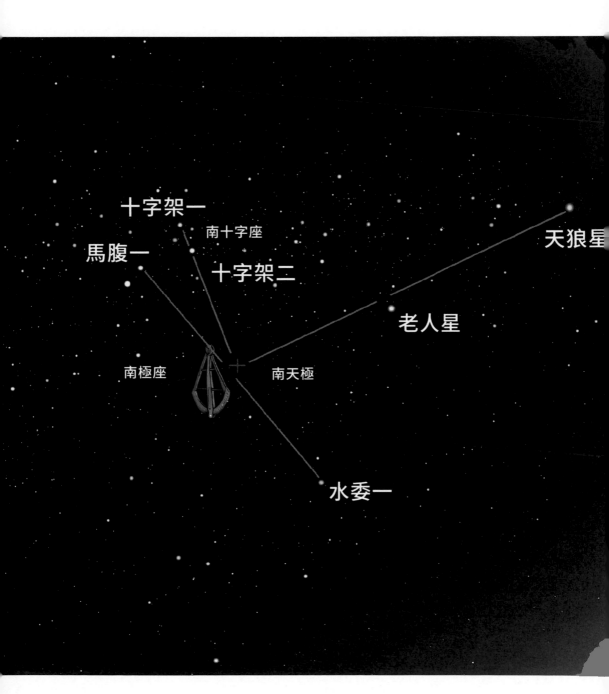

十字架一

南十字座

馬腹一

十字架二

天狼星

老人星

南極座

南天極

水委一

第八部分
黃道星座漫遊

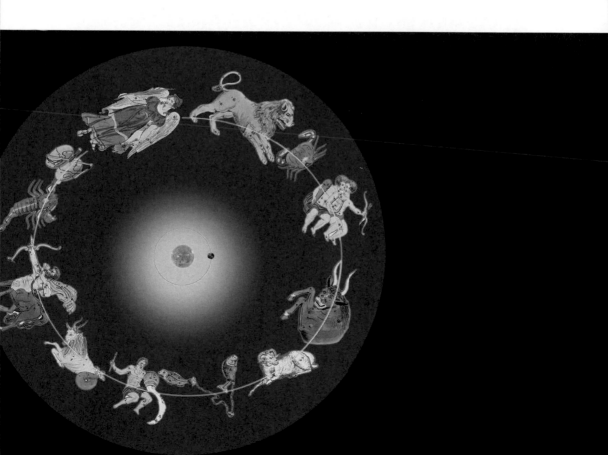

黃道十二星座

黃道

如果你隨機問一個人：「天上有多少個星座？」

答案通常是：「12 個。」

經過本書的星座漫遊，你現在當然知道星座是 88 個。人們之所以認為答案是 12 個，是因為那熟悉的黃道十二星座：

白羊座、金牛座、雙子座、巨蟹座、獅子座、室女座、天秤座、天蠍座、人馬座、摩羯座、寶瓶座、雙魚座。

其中室女座又稱處女座，人馬座又稱射手座，寶瓶座又稱水瓶座。

這十二星座為什麼被稱為黃道星座呢？

因為天空中有一條很特殊的軌道 —— 黃道，穿越了這些星座。

▌黃道

所謂黃道，就是從地球看太陽在星空中走的軌道。

很早的古代，人們就發現太陽在星空裡緩慢移動，從一個星座穿行到另一個星座。

太陽出來的時候，根本看不到星星，怎麼發現它在星空裡穿行呢？

可以在黎明和傍晚的時候觀察。黎明前，太陽沒有升起來的時候，可以看到太陽西邊的星星，這些星星比太陽早升起來；傍晚後，太陽剛落下去，太陽東邊的星星又出現了。知道了太陽西邊和東邊的星星，就可以推斷出太陽在星空裡的準確位置了。

結果古人發現，太陽在星空裡的穿行非常有規律，它走了一條幾乎完全固定不變的軌道，這就是黃道。

黃道上的十二個行宮

在古代所有民族心目中，太陽是神，是至尊至貴的神，萬物生長靠太陽，光明和溫暖源自於它。

地上的君王長久在外，就要在各地修建行宮，太陽神這麼重要，它的軌道上是不是也需要行宮呢？

於是，西方人就把黃道等分為十二份，為太陽神劃定了十二個行宮，這就是黃道十二宮，用十二星座的形象來表示。

黃道是星空裡的一個大圈，太陽在其上循環往復，本沒有起點和終點，可是在天文學家眼裡，春分這一天很特別，因為這一天太陽走到了黃道和天赤道的交點處，開始向北半球移動，於是春分就成了黃道的起始點。

從春分開始，黃道十二宮依次是：白羊宮、金牛宮、雙子宮、巨蟹宮、獅子宮、室女宮、天秤宮、天蠍宮、人馬宮、摩羯宮、寶瓶宮、雙魚宮。

十二宮的形象就是十二星座，這就是黃道十二星座的來歷。

如何界定你的星座

星座的界定非常簡單，你生日那天，太陽運行到哪一宮，你就屬於哪個星座。

假如你生日處於黃道兩個宮的交界處，怎樣準確弄清自己到底屬於哪一個星座呢？

其實，黃道十二宮的界定和二十四節氣是一樣的。二十四節氣把黃道均分為 24 份，每一個節氣都是黃道上的一個點，而不是一天，它對應著一個準確時刻，查到這些時刻，就可以準確劃分黃道十二宮的邊界了。

比如，2016 年黃道十二星座範圍如下（每年會有一兩天的差別）：

★ 春分（3 月 20 日 12：30，黃經 0 度）白羊宮起始

★ 穀雨（4 月 19 日 23：29，黃經 30 度）金牛宮起始

★ 小滿（5 月 20 日 22：36，黃經 60 度）雙子宮起始

★ 夏至（6 月 21 日 06：34，黃經 90 度）巨蟹宮起始

★ 大暑（7 月 22 日 17：30，黃經 120 度）獅子宮起始

★ 處暑（8 月 23 日 00：38，黃經 150 度）室女宮起始

★ 秋分（9 月 22 日 22：21，黃經 180 度）天秤宮起始

★ 霜降（10 月 23 日 07：45，黃經 210 度）天蠍宮起始

★ 小雪（11 月 22 日 05：22，黃經 240 度）人馬宮起始

★ 冬至（12 月 21 日 18：44，黃經 270 度）摩羯宮起始

★ 大寒（1 月 20 日 05：23，黃經 300 度）水瓶宮起始

★ 雨水（2 月 19 日 13：33，黃經 330 度）雙魚宮起始

太陽為什麼會在黃道上移動？

太陽當然沒有移動，移動的是地球。地球圍繞太陽公轉，我們站在地球上看太陽，會感覺到太陽在星空背景前移動，這是一種相對效應。

當地球圍繞太陽公轉一圈時，從地球上看太陽，太陽也在黃道上圍繞地球轉動了一圈，無論是運行方向，還是週期，都和地球繞太陽公轉完全一樣。（圖示見下圖）

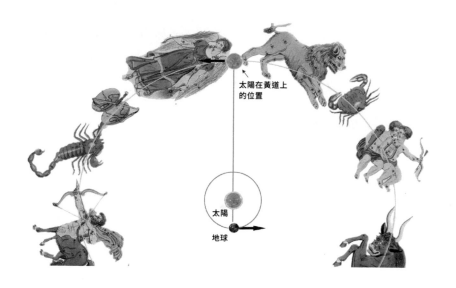

太陽在黃道上
的位置

太陽

地球

你的星座已經偷偷改變了

黃道十二星座的劃分是兩千多年前的事情，經過兩千多年的演變，情況已經大大不同了。

現在，若考察太陽在黃道星座的實際日期，你大致會得到下面這個表：

⭐ 雙魚座：3 月 13 日～ 4 月 19 日

⭐ 白羊座：4 月 19 日～ 5 月 15 日

⭐ 金牛座：5 月 15 日～ 6 月 22 日

⭐ 雙子座：6 月 22 日～ 7 月 21 日

⭐ 巨蟹座：7 月 21 日～ 8 月 11 日

⭐ 獅子座：8 月 11 日～ 9 月 17 日

⭐ 室女座：9 月 17 日～ 11 月 1 日

⭐ 天秤座：11 月 1 日～ 11 月 23 日

⭐ 天蠍座：11 月 23 日～ 11 月 30 日

⭐ 蛇夫座：11 月 30 日～ 12 月 18 日

⭐ 人馬座：12 月 18 日～ 1 月 20 日

⭐ 摩羯座：1 月 20 日～ 2 月 17 日

⭐ 寶瓶座：2 月 17 日～ 3 月 13 日

如果要按實際天象 —— 太陽與星座的結合才是決定性的因素，你的星座就應該按這個表重新界定了。這樣，大多數人的星座都要改變了。

▌地軸旋轉的結果

太陽在黃道星座的運行日期為什麼會變化呢？

主要是地球自轉軸的旋轉造成的。

通常我們在描述地球公轉的時候，說地球自轉軸是不動的，它穩定地指向北極星。但這只是一個近似，地軸其實也在旋轉，只是非常緩慢 ——25,800 年旋轉一周。

當地軸旋轉的時候，春分點會沿著黃道緩慢西退，25,800 年退行一周，看起來很抽象，其實你旋轉一下就會很清楚。（圖示見下圖）

每一年，春分點在黃道上向西退一點點，50 角秒，這是一個很小的角度，想一想，1 度有 3,600 角秒。

50 角秒很微不足道，但如果累積兩千多年，就大約是 30 度了。

也就是說，現在的春分點在黃道上的位置，比兩千多年前偏離了大約 30 度，早已從白羊座跑到雙魚座了。

這樣，現在的春分當天，太陽是在雙魚座運行，你的生日若是在這一天，就應該屬於雙魚座。

雙魚座本來是黃道的最後一個星座，現在已經成為第一星座了。有的占星學家把現在的時代稱為雙魚時代，原因就在於此。

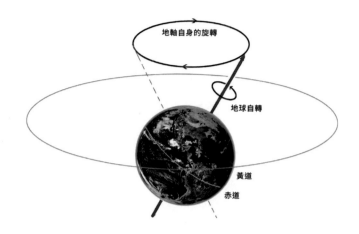

進退兩難的占星家

現在的占星家們面臨兩難的境地。如果堅持傳統的黃道十二宮來劃分黃道十二星座，依然以春分點為白羊座起始，那就和太陽在星座裡的實際運行時間不相符合了。

如果以太陽在黃道星座的實際運行時間為準，又要拋棄堅守兩千多年的傳統，這對占星家們來說是更困難的事情。

你會為此糾結嗎？

什麼時候看自己的星座

人們會想，自己生日前後的那段時間，應該最容易欣賞到自己的星座，結果恰恰相反，那是最不容易看到自己星座的時候。

因為你生日的時候，太陽在你的星座運行，你的星座是在白天出現，根本看不到。

要想了解這一點，請看圖示：

★ 春分時，地球運行到位置1，從地球上看，太陽位於雙魚座中的位置1。

★ 夏至時，地球運行到位置2，從地球上看，太陽運行到雙子座的位置2。

★ 秋分時，地球運行到位置3，從地球上看，太陽運行到室女座的位置3。

★ 冬至時，地球運行到位置4，從地球上看，太陽運行到人馬座的位置4。

在你的生日半年之後，才是欣賞你星座的最佳時間。那時候，太陽運行到黃道的另一面，你的星座和太陽相對，太陽從西方落下之時，你的星座從東方升起。實際來說就是：

★ 春季（地球在位置1前後）：巨蟹座、獅子座、室女座

★ 夏季（地球在位置2前後）：天秤座、天蠍座、人馬座

★ 秋季（地球在位置3前後）：摩羯座、寶瓶座、雙魚座

★ 冬至（地球在位置4前後）：白羊座、金牛座、雙子座

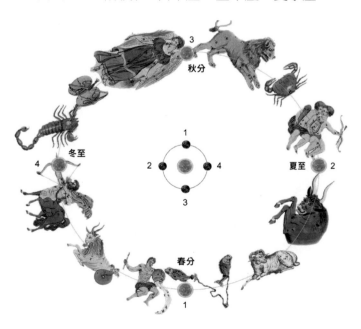

第九部分
黃道帶上的流浪者

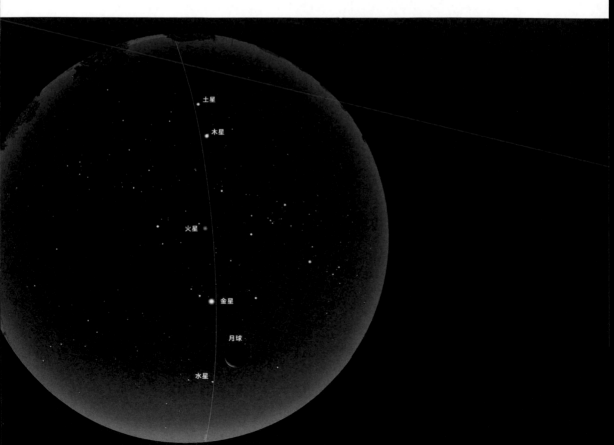

土星

木星

火星

金星

月球

水星

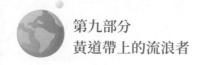
五星與七曜

在遙遠的古代，人們就注意到夜空裡有五顆與眾不同的星。和滿天恆定不動的恆星相比，這五顆星總是行蹤不定，它們就是肉眼可見的五大行星 —— 水星、金星、火星、木星和土星。

五大行星加上太陽和月亮，就是天空最為引人注目的七大天體 —— 七曜。

七曜是古代各民族共同關注的對象。古巴比倫人曾經建造了七星壇祭祀七曜，七星壇分七層，每層一個星神，從上到下依此為日、月、火、水、木、金、土七神，七神輪流主管一天，周而復始，這就是星期的由來：

星期日　星期一　星期二　星期三　星期四　星期五　星期六
太陽神　月亮神　火星神　水星神　木星神　金星神　土星神

五大行星加上地球，以及肉眼看不見的天王星、海王星，就是圍繞太陽運行的八大行星。

八大行星的出沒非常有規律，它們都在黃道附近，也就是在黃道星座內運行，這是為什麼呢？

因為太陽系的行星具有共面性，即行星差不多是在同一個平面內運行的。地球的公轉軌道面叫黃道面，其他行星的公轉軌道面和黃道面的夾角很小，這樣，從地球上看去，其他行星都在黃道附近徘徊了。

順行和逆行

行星在黃道星座裡漫遊時，大多數時候相對於星座背景自西向東運行，這叫順行。有時候行星會掉轉頭向西退回去，這叫逆行，逆行時行星通常會變得更亮。在順行和逆行轉換時，行星會有一段時間停滯不動，這稱為留。

千百年來，人們對天上的星體有一種說不清的崇拜，認為行星的運行會產生出強大的能量，不同的運行方向散發的能量性質也截然不同，順行大致代表著一種正的能量，逆行則相反。

比如木星，它是行星之王，是眾神之王朱比特（Jupiter），是一顆主宰之星，擁有令人畏懼的偉大力量，它可以影響到人生的各方面。

木星順行，你的情緒很容易亢奮，你和情人的關係總是甜甜蜜蜜，你的工作會順風順水，你的財務狀況一路高歌。

木星逆行，你的情緒就容易陷入低落，你和情人之間容易出現誤解和爭吵，你的工作可能會遇到麻煩，你的財務狀況也容易陷入窘境。

又比如水星，水星總在太陽兩側出沒，速度之快，遠超過其他行星，西方天文學家就把它看作羅馬神話中的信使之神 —— 墨丘利（Mercury）。

水星的行蹤總是反覆不定，時而向東順行，時而調頭折返逆行，其逆行機會比其他行星多很多。

水星逆行意味著什麼呢？

墨丘利負責訊息的傳遞和交流。如果水星逆行，意味著墨丘利把事情搞糟了，可能是信件丟失了，他又返回去尋找了。因此，水星逆行在占星

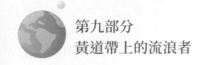
學中常常意味著文書錯誤、訊息丟失、機械故障、交通麻煩等，占星師通常會建議你不要在此期間做出新的重大決策，因為你可能被「水逆」帶來的各種意外搞得心煩意亂，你需要做的是靜靜地反思。

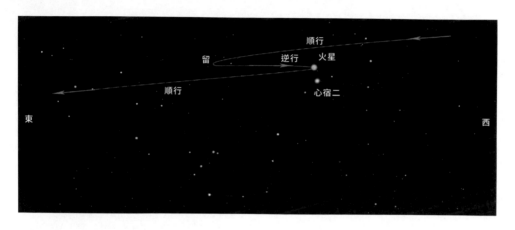

▎熒惑守心的故事

歷史上，行星的運行曾經對社會產生了重大影響，甚至改寫了人類的歷史。比如，圍繞著「熒惑守心」這個天象，就發生了很多故事。

熒惑是火星，它那暗紅的顏色，讓人聯想到血，因此古代東方和西方都把它看成是戰爭、死亡的象徵。

心宿是二十八宿之一，是東方蒼龍的心臟，在古代占星家眼裡，它代表著帝王。

熒惑守心，就是火星停留在心宿附近，尤其是逆行守心，在占星家眼裡是大凶的天象，對帝王很不利。

西漢末年的丞相翟方進可沒有遇到宋景公這樣的明君，那時候的皇帝是劉驁，王莽身為大司馬輔政。

西元前 7 年春天，有天文官奏報皇帝，出現了熒惑守心的不吉天象。

王莽的親信李尋趕忙向皇帝進言：「熒惑守心天象的出現，代表丞相翟方進沒有盡到責任。以前先皇帝永光元年時，發生了春天禾苗上結霜、夏天降雪、白天伸手不見五指的異象，丞相辭了官，一切才轉為正軌。」

於是皇帝詔見翟方進，命他辭職。翟方進驚恐不安地回到家，皇帝的詔書又到了，翟方進受到了嚴厲指責：

你身為丞相十年，十年災害連連，人民飢餓，又多疾病死亡……身為丞相對種種災難怎能心安理得？如果不顯示出忠君的誠意，顯尊的名聲恐怕難以長保……

翟方進為了保全名聲和宗族，當日自殺而死。

然而，導致翟方進自殺身死的熒惑守心天象，實際上並沒有發生。根據推測，天文官員春天向皇帝報熒惑守心天象的時候，火星還在室女座悠然順行，距離天蠍座的心宿尚遠。

根據考證和推演，歷代正史中記載的熒惑守心天象共有 23 次，只有 6 次是真實的。

神祕的逆行到底是怎麼回事呢？我們來看看行星的運行規律。

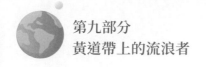
內行星的運行規律

水星和金星在地球軌道內部，稱為內行星。

內行星的最大特點是，它們總是在太陽兩側出沒 —— 要麼在太陽的東邊，要麼在太陽的西邊，原因很簡單，它們的軌道比地球小，看看下圖就很清楚。

內行星繞太陽公轉的軌道小，速度快，週期短，水星公轉一周只需 88 天，金星需要 225 天。所以，我們可以假設地球不動，內行星以一個較小的速度在軌道上運行，對地球上的觀察者來說，內行星將依次經歷以下節點：

上合-東大距-下合-西大距-上合

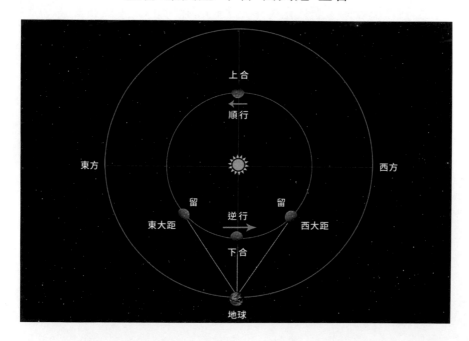

一顆內行星從上合開始，再次回到上合，或者從下合開始，再次回到下合，稱為和地球的一個會合週期。

上合：

在一個會合週期中，當內行星位於上合時，從地球上看，它和太陽在同一個方向，和太陽一起升落，這時候它是不可見的。

昏星：

上合之後，內行星開始出現在太陽的東方。這時候，它會比太陽落得晚，傍晚時分，當太陽向西落下地平線時，內行星出現在西方的天空，成為昏星。

東大距：

隨著內行星離太陽越來越遠，傍晚時分它在西方天空的位置也越來越高，當它和太陽的角距離分開到最大時，稱為東大距。

下合：

東大距之後，內行星開始靠近太陽，離太陽越來越近，漸漸淹沒在太陽的光輝裡，這時候叫下合。

晨星：

下合之後，內行星跑到了太陽的西邊，這時候傍晚就看不見它了。在黎明前，內行星會早於太陽昇起，這時候它是晨星。

西大距：

隨著內行星離太陽越來越遠，黎明時分它在東方天空的位置也越來越高，當它和太陽的角距離分開到最大時，就是西大距。

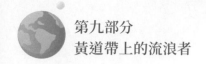
上合：

　　之後，內行星又會再次靠近太陽，漸漸淹沒在太陽的光輝裡，回到了上合位置，完成了和地球的一次會合週期。

內行星的逆行原理

　　注意觀察地內行星出沒規律一圖，假設地球不動，你很容易看清楚地內行星的順行與逆行原理：

　　當內行星遠離地球時，即從西大距，經上合，到東大距這一段，內行星是自西向東運行的，這就是順行。

　　當內行星靠近地球時，即從東大距到西大距這一段，內行星的運行是自東向西的，這就是逆行。尤其是下合前後，逆行速度最快。

　　東大距和西大距前後，內行星看起來停留不動，這就是留。

外行星的運行規律

地外行星的運行位置有東方照、西方照、衝日等，看到這些名稱，現代人會感覺非常陌生，其實它們都非常簡單。幾千年前的迦勒底人在牧羊的夜晚，星星就是他們世界的一部分，那時他們就開始使用這些名詞。在現今依然十分流行的星座占星學裡，這些名詞也有很高的使用頻率，不明白天文學的人常會覺得星象神祕莫測，進而把自己的命運和它們連繫在一起。

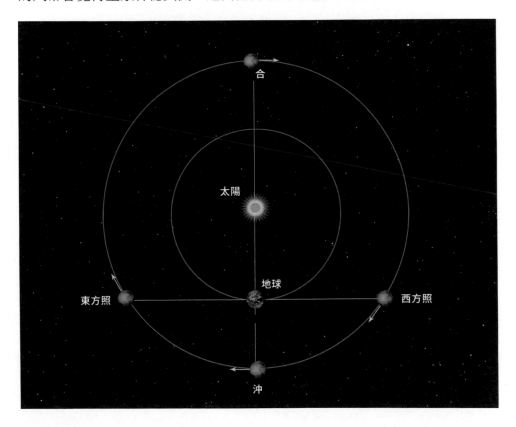

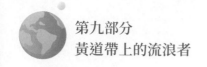
　　火星、木星、土星、天王星、海王星是外行星，它們的公轉軌道大，走得又慢，每過一段時間就會被地球趕上，與地球會合一次。為了便於理解，我們可以假定地球不動，外行星以一個較慢的速度反方向公轉。

　　這樣，對地球上的觀察者來說，外行星將依次經歷以下節點（請結合圖示）：

合-西方照-衝-東方照-合

合：

　　當外行星和太陽處於同一個方向時，就是處於合的位置，這時候行星位於太陽後方，淹沒在太陽的光芒裡，隱沒不見。

西方照：

　　隨著時間的推移，外行星與太陽的夾角越來越大，它在黎明前升起得越來越高。當黎明時分外行星升造成天頂時，它與太陽正好呈 90 度夾角，這稱為西方照。

衝：

　　西方照以後，地外行星與太陽的夾角繼續拉大，黎明時它位於越來越偏西的天空，最後達到 180 度，它和太陽分別位於地球相對的兩側，這就是外行星衝日。

　　衝日前後，當傍晚太陽在西方落下時，地外行星便從東方升起，整夜都可以看到，它比平時更加明亮，因為離地球距離更近，是觀測的最佳時機。

東方照：

衝日之後，我們轉向傍晚來觀察地外行星。隨著時間的推移，傍晚時分，地外行星在東方天空升得越來越高，漸漸向西移近太陽。當地外行星於傍晚時分位於中天時，它和西方地平線附近的太陽再次呈 90 度夾角，這就是東方照。

合：

接著，外行星隱沒在太陽的光芒裡，和太陽相合，完成了和地球的一個會合週期。

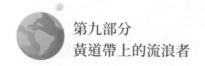
▌外行星的逆行原理

地外行星走得比地球慢，當地球離它較遠時，我們看到的主要是它自身的運動，也就是在黃道星座裡自西向東順行。當地球在自己的軌道上接近並開始超越外行星時，從地球上看，外行星就向西退去了，這就是逆行。這就如同兩輛同向行駛的汽車，後面一輛超越前面一輛時，坐在後車的人會看到前輛車在向後退去了。

在古代人看起來無比神祕的逆行，就是這麼簡單。

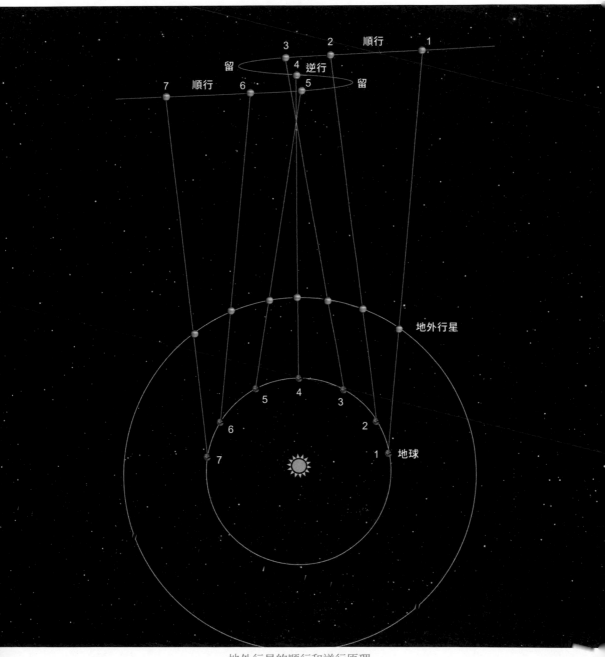

地外行星的順行和逆行原理

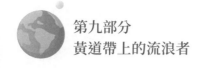
如何觀測行星

如何確定行星？

全天肉眼可見星的數量約是 6,000 顆，其中只有五顆是行星，即水星、金星、火星、木星、土星。如何確定行星呢？

行星不會眨眼睛

當你看到一顆星星會一閃一閃的，就像在向你眨眼睛一樣，這樣的星就不是行星，而是恆星，因為行星不會眨眼睛。

恆星因為距離遙遠，所以在地球上看來，都是針尖一般大小，近似一個點光源，它射到你眼裡的光就像一根極細的直線。恆星的光線穿越大氣層的時候，因為大氣不是靜止的，它裡面的氣流會不停運動，恆星因為光線太細，很容易受大氣抖動的影響，看起來就會一閃一閃的了。

但是行星是太陽系的天體，距離比較近，從地球上看去，它們會有一個小小的圓面，這樣它們射到你眼裡的光就是一個圓柱，比恆星光粗很多，不容易受大氣抖動的影響，所以不會閃爍。

行星只出現在黃道附近

行星都在黃道附近運行，不會出現在遠離黃道的地方。黃道在天空的什麼位置呢？你大概無法確定，但它是太陽運行的軌道，就在太陽東昇西落走的路線附近。而且月亮也在黃道附近運行，這樣你就大致可以確定，行星是出現在太陽和月亮經常出現的位置。假如你在北方天空看到一顆星，它一定不會是行星了。

行星是比較亮的

從亮度來說，金星遙遙領先，從 -3.3 等到 -4.4 等，它一出現，就如同一盞明燈，其他的星都會黯然失色。

木星的亮度在大部分時間裡排在第二，從 -1.6 等到 -2.9 等，也相當奪目，它在最暗的時候，亮度也超過最亮的恆星 —— 天狼星。

火星的亮度變化幅度較大，最亮時（衝日前後）可達 -2.9 等，多數時候是一顆明亮的 1 等星，只是在靠近太陽時變成 2 等。

土星的亮度在 0 等和 1 等之間徘徊。

水星的亮度變化幅度很大，最亮時比天狼星還亮，最暗時肉眼看不見。當然，水星在大多數時候本身就很難看到。

手機天文軟體

利用手機天文軟體可以很方便地認星，比如虛擬天文館（Stellarium）等都很好用，開啟後，用手機對著某顆星，螢幕上就會顯示出它是哪顆星，以及距離、亮度等很多資訊。

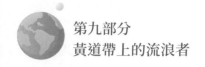
行星觀測要點

水星

　　水星的觀測是困難的，因為水星的軌道很小，即便是在東大距或者西大距時，它離開太陽也不會太遠，最遠也就是 20 多度，所以人們只能在黎明的東方地平線或傍晚的西方地平線附近看到它，它偶一露面，便轉身隱去。所以對於水星觀測來說，能夠用肉眼看到就是巨大成功。

金星

　　金星的軌道比水星大很多，所以它可以離開太陽更遠，在東大距和西大距的時候，金星可以遠離太陽 40 多度，但也不會離開太遠，所以你不可能在深夜看到金星。

　　在西大距前後，金星於黎明前在東方天空高高升起，預示著黎明即將來臨，人們又稱它為啟明星。在東大距前後，傍晚時分高懸於西方天空，人們又稱它為長庚星。

　　金星觀測的第一個要點，就是要在夜空裡辨認出這顆最亮的星，認出啟明星或者長庚星。

　　金星觀測的第二個要點是，它有時候會呈現月牙形，尤其是下合前後，會出現很細的月牙形，但這需要用望遠鏡觀測，雙筒望遠鏡或者小型望遠鏡即可。原理如圖。

　　金星因為有著濃密而不透明的大氣層，所以望遠鏡看不到金星表面的細節。

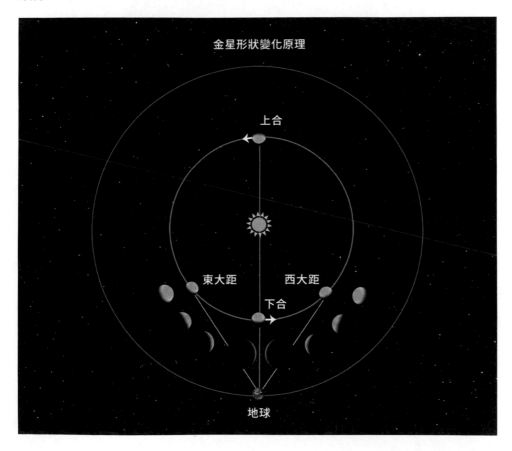

金星形狀變化原理

上合

東大距　　　西大距

下合

地球

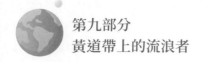
火星

　　火星比較小，想要看清火星表面細節很困難，用一臺小型望遠鏡可以看到火星表面有明暗不同，南北極的白色極冠是重點。

　　火星衝日前後，距離近而明亮，是觀測火星的好時機。未來十年的火星衝日時間是：

　★ 2020 年 10 月 13 日。

　★ 2022 年 12 月 08 日。

　★ 2025 年 01 月 16 日。

　★ 2027 年 02 月 19 日。

　★ 2029 年 03 月 25 日。

　★ 2031 年 05 月 04 日。

木星

木星是一顆液態行星，體積巨大，直徑 14 萬公里，雖然遠在 7 億公里之外，也顯得很明亮。

用一臺不太大的望遠鏡就可以看到木星表面的條紋，大紅斑。隨著木星自轉，大紅斑會改變位置。

木星的四顆大衛星 —— 木衛一、木衛二、木衛三、木衛四，也很容易看到，它們是木星周圍的四個小光點，每一天它們的位置都不一樣。

木星當然也是衝日時候最亮，但由於它的距離比火星遠很多，衝日時到地球的距離變化相對較小，亮度和平常的差別就不像火星那樣明顯。

未來 10 年的木星衝日時間：

- ⭐ 2020 年 7 月 14 日
- ⭐ 2021 年 8 月 20 日
- ⭐ 2022 年 9 月 26 日
- ⭐ 2023 年 11 月 3 日
- ⭐ 2024 年 12 月 7 日
- ⭐ 2026 年 1 月 10 日
- ⭐ 2027 年 2 月 11 日
- ⭐ 2028 年 3 月 12 日
- ⭐ 2029 年 4 月 12 日

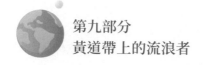
土星

土星環是夜空中最迷人的觀測目標，伽利略在西元 1610 年就用他那小而簡陋的望遠鏡看到了土星環，只是不太清楚。現在隨便用一臺小望遠鏡就可以比伽利略看得更清晰。

在不同的年分裡，土星環看上去傾斜的程度不一樣；因為土星圍繞太陽公轉的週期是 29 年半，每過大約 15 年，從地球上看，土星環就會消失一次。

天王星和海王星

天王星和海王星肉眼不可見，一般需要用電腦自動尋星的望遠鏡尋找，在普通的望遠鏡裡，它們只是很小的藍綠色圓斑。

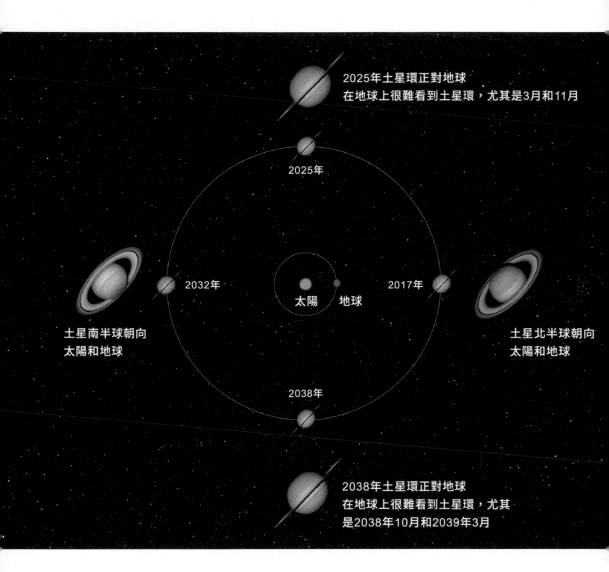

2025年土星環正對地球
在地球上很難看到土星環，尤其是3月和11月

2025年

2032年

太陽　地球

2017年

土星南半球朝向
太陽和地球

土星北半球朝向
太陽和地球

2038年

2038年土星環正對地球
在地球上很難看到土星環，尤其
是2038年10月和2039年3月

後記
對話星星

邀遊神奇的星辰大海需要一本好的指南，我很早就開始籌劃寫作，本書初稿在多年前已大致完成，然後束之電腦，直到近幾年才得以付梓。

我們仰望星空，究竟要仰望什麼呢？伽利略有一段話非常好：

不要讓任何人以為，閱讀天空這本大書，不過是讓人看到日月星辰的光輝，這些無論是野獸還是平民百姓，只要有眼睛，都能看得到。天空這本書所顯示的奧祕是那樣難解，所表達的思想是那樣高深，甚至在經過成千上萬不停頓的探索之後，成千上萬個思想最敏銳的人徹夜苦思，依然不能看透它。

雖然看不透，但探索本身就能得到非凡的回報，正如愛因斯坦說的，很多人因此找到了內心的自由與安寧。

嘗試著仰望星空，與星星對話，你會發現，那些縹緲虛無的小星星其實很真實。它就在那裡！照耀著你！雖很遙遠，卻近在咫尺；空間和時間看似不可踰越，卻又似乎根本就不存在。這實在是一種獨特而美妙的體驗。

慢慢地，天空這本大書的思想就會由這些星星字元顯露出來。

李德范

時空膠片，星座漫遊指南：

88 星座歷史 × 古老占星學 × 行星逆行 × 超實用觀星技巧……關於耿耿星河，你不能只知道太陽系裡的事！

作　　者：李德范

發行人：黃振庭

出版者：崧燁文化事業有限公司

發行者：崧燁文化事業有限公司

E-mail：sonbookservice@gmail.com

粉絲頁：https://www.facebook.com/sonbookss/

網　　址：https://sonbook.net/

地　　址：台北市中正區重慶南路一段六十一號八樓 815 室

Rm. 815, 8F., No.61, Sec. 1, Chongqing S. Rd., Zhongzheng Dist., Taipei City 100, Taiwan

電　　話：(02)2370-3310

傳　　真：(02)2388-1990

印　　刷：京峯數位服務有限公司

律師顧問：廣華律師事務所 張珮琦律師

定　　價：780 元

發行日期：2024 年 03 月第一版

◎本書以 POD 印製

Design Assets from Freepik.com

國家圖書館出版品預行編目資料

時空膠片，星座漫遊指南：88 星座歷史 × 古老占星學 × 行星逆行 × 超實用觀星技巧……關於耿耿星河，你不能只知道太陽系裡的事！/ 李德范 著 . -- 第一版 . -- 臺北市：崧燁文化事業有限公司 , 2024.03

面；　公分

POD 版

ISBN 978-626-394-030-7(平裝)

1.CST: 天文學 2.CST: 通俗作品

320　　　113001540

電子書購買

臉書

爽讀 APP